温暖的城市

广东省韶关市小岛片区城市设计

2016年"广东省规划院杯"六校联合毕业设计竞赛

主编　漆平　赵炜

西南交通大学出版社

·成都·

图书在版编目（CIP）数据

温暖的城市：广东省韶关市小岛片区城市设计／漆
平，赵炜主编. —成都：西南交通大学出版社，2017.3
ISBN 978-7-5643-5317-9

Ⅰ. ①温… Ⅱ. ①漆… ②赵… Ⅲ. ①城市规划－建
筑设计－作品集－中国－现代 Ⅳ. ①TU984.2

中国版本图书馆 CIP 数据核字（2017）第 043000 号

温暖的城市：

广东省韶关市小岛片区城市设计
Wennuan de Chengshi:
Guangdong Sheng Shaoguan Shi Xiaodao Pianqu Chengshi Sheji

主编　漆 平　赵 炜

责 任 编 辑	杨　勇
封 面 设 计	漆　平
出 版 发 行	西南交通大学出版社 （四川省成都市二环路北一段 111 号 西南交通大学创新大厦 21 楼）
发行部电话	028-87600564　028-87600533
邮 政 编 码	610031
网　　　址	http://www.xnjdcbs.com
印　　　刷	四川玖艺呈现印刷有限公司
成 品 尺 寸	250 mm×250 mm
印　　　张	14
字　　　数	256 千
版　　　次	2017 年 3 月第 1 版
印　　　次	2017 年 3 月第 1 次
书　　　号	ISBN 978-7-5643-5317-9
定　　　价	80.00 元

编委会

序 言

　　"城市，让生活更美好"，城市是经济社会发展和人民生产生活的重要载体，是现代文明的标志。时隔37年召开的中央城市会议，明确创新、协调、绿色、开放、共享的发展理念，指出城市规划对促进以人为核心的新型城镇化发展，建设美丽中国，实现"两个一百年"奋斗目标和中华民族伟大复兴的中国梦具有重要现实意义和深远历史意义。青年大学生是我国时代发展中继往开来的中流砥柱，是勾勒"中国梦"宏伟蓝图的生力军。为此，广东省城乡规划设计研究院（以下简称"省规划院"）通过联合高校开展毕业设计竞赛活动，为广大城市规划设计学子搭建起连接梦想与实践的桥梁。

　　从2014年第一届"广东省规划院杯"四校联合毕业生城市设计竞赛的成功举办开始，省规划院坚持以院校联合毕业设计竞赛的活动形式进行技术创新交流，通过充分利用、整合规划设计单位的实践经验和高校的理论研究特色，建立起教学与实践互动、科研与产业互补的产学研融合发展新模式，对增加学术交流和研究、促进校企合作、提升高校毕业生设计理论与实践能力具有重要意义，已成为省规划院一项特色品牌活动，获得参赛院校师生的高度认可和一致好评，收到良好的社会反响。

　　今年，由省规划院赞助支持，广州大学、西南交通大学、昆明理工大学、南昌大学、厦门大学和哈尔滨工业大学六所高校共同参与，选取"广东省韶关市小岛片区城市设计"为题目，组织开展了第三届"省规划院杯"联合毕业设计竞赛。设计作品需体现"温暖的城市"主题，突出城市历史底蕴和文化传承，注重城市风貌塑造，提出针对性强的规划实施策略，以形成混合有序、包容度高、人性化的城市空间。竞赛历时四个月，经历竞赛启动、现状调研、初期方案汇报、中期方案汇报和成果答辩及评奖五个阶段，形成了丰硕的成果。

　　在本次联合毕业设计竞赛活动中，我们欣喜地看到参赛同学在往届基础上形成的突破与创新。如：同学们在前期调研时收集韶关当地特色材料，根据自身设计和理解，制作艺术装置和调研视频，展现了规划的人文情怀和创新能力；方案汇报穿插小品表演，提取韶关小岛片区的生活场景通过艺术加工并进行重新演绎，反映现实中存在的规划问题，精彩纷呈，使人印象深刻。一份份设计作品，也体现出同学们严谨认真的态度和勤勉踏实的作风，展现出优秀的综合素质和设计实践能力；通力合作的设计过程，也展示了团队成员之间互相包容、团结共事、互补提升的高尚品质。此外，省规划院各位专家和各高校的老师们从规划设计方法的系统性、方案汇报的技巧、协调沟通的能力培养等多个方面，悉心尽力、认真负责地给予同学们各项指导。尤其在方案点评环节设计方面，精心设计由参赛同学组成扮演的专家组、政府部门、居民代表对汇报组方案进行"角色扮演"点评，引导学生从社会各个阶层去思考规划的意义，帮助同学们更好地理解城市规划在社会中的重要影响力，可谓用心良苦、见识深远。

本次联合毕业设计竞赛活动的成功举办、设计成果作品集的成功出版，离不开省规划院和六所高校各方领导的高度重视、各位专家和老师们的悉心指导，以及参赛同学们的积极参与和辛勤努力。未来，省规划院将一如既往地支持高校毕业设计工作，并充分发挥省规划院在市场活动和创作实践中的优势，进一步推进与各大高校在人才培养、技术交流、研发应用等领域的合作共赢。

是为序，祝贺第三届"省规划院杯"六校联合毕业设计作品结集出版，希望该作品集在城市规划学科教学与发展中得以应用。向各位付出辛勤汗水的各位专家和老师致以敬意和感谢，也祝愿同学们在未来的人生道路中砥砺奋进，不断提升思想水平和专业素养，以所学回馈社会，为我国城乡规划与建设做出积极的贡献。

广东省城乡规划设计研究院院长　张少康

前　言

联合毕业设计在跨入第四个年头的时候，又迎来了新加入的高校，分别是哈尔滨工业大学、厦门大学。联合毕业设计从两校联合，到第二年的4+1，目前进入了"6+1"模式。在广东省规划院和各校教师、各校同学的共同努力下，取得了良好的教学效果，得到了多方面的信任和支持，队伍不断壮大，特别是广东省城乡规划设计研究院全方位的支持和信任，使我们感到有更大的责任把这项工作做得更好。

今年我们思考的是，城乡规划到底需要解决什么样的问题，我们需要培养什么样的规划人才。城市空间、土地利用、交通组织、产业规划、绿地系统、经济技术指标等等似乎是我们对城乡规划惯常的认知。然而，人作为社会性生命，具有生理需求、情感需求、精神需求、文化需求，在我们的教育体系中，这些方面的教育存在着不同程度的缺失现象，从而导致毕业生进入工作岗位后不能很快适应目前新形势下规划工作的需要。

因此我们为今年的设计主题定为"温暖的城市"。今年的设计题目是《广东省韶关市小岛片区城市设计》，该片区为韶关市的老城区，这里承载了韶关的历史文化、市民的情感，在周边的建设开发的同时，这里仍然保留了昔日的传统风情。我们希望，在设计中更多地体现人文关怀，结合当地居民的生活习俗，利用滨水开放空间，保护街巷的传统风貌，使小岛片区在环境质量得到提升的同时，为居民提供更加宜居的生活空间，得到更加温馨的生活体验。

各校同学在调研中更加关注居民的日常生活，包括日常起居、饮食习惯、风土人情、休闲活动等，从旁观者逐渐贴近本土居民的生活感受，并在设计中有所体现。他们最后呈现的作品，不再是冷冰冰的线条和色块，而是体现了同学们的尊重、关怀和情感。

我们关注的另一个问题是城乡规划语言表达方式的拓展。虽然我们最后的成果体现应该是图纸，但是我们对场地的认识，我们的设计理念是可能通过其他方式展现的。借鉴其他艺术形式的语言，可以拓展学生的思考空间，丰富对课题认识表达的语言，开阔学生对事物认识的想象，将工科的严谨与艺术的轻松相结合，将平面的图纸与肢体语言和动态的画面相结合，从而使汇报过程轻松而有趣。

今年的中期成果汇报，增加了三种表达形式：1.视频。以现场拍摄的视频画面的编辑，表达对生活场景、城市空间的认识，时长约三分钟。2.小品。侧重对生活的观察，要求以戏剧的形式表达对人的活动的观察，时长约三分钟。3.装置艺术。以现代艺术语言，结合现场获取的实物，表达设计理念。这三种表达方式各有侧重点，通过影视、戏剧、装置艺术的表达，结合日常的汇报方式，使学生能够更深入地观察人的活动方式，更具有动态的去感受城市空间，以更生动的方式表达设计理念的阐述。

　　在广东省城乡规划设计研究院全方位的支持下，通过全体师生的共同努力，此次联合毕业设计取得了良好的效果。我们的教学改革还将继续完善和深入，教学环节中存在的问题还要不断修正，我们有理由相信，企业与高校的联合教学，不同地域高校的联合教学，将促进我们的教学改革，为培养适应国家建设的合格人才起积极的作用。

广州大学建筑与城市规划学院

解题——温暖的城市

——广东省城乡规划设计研究院

韶关市位于广东省北部，北临湖南郴州、江西赣州，东接河源，西连清远，南邻广州、惠州，被称为广东省北大门，是华南沿海地区通往华中及华北地区的重要交通枢纽。作为中国优秀旅游城市、广东省历史文化名城，韶关文化底蕴深厚、岭南气息浓郁，是岭南文明的重要发祥地。

依水成城，凭借便利的水上交通运输，韶关自古以来就是粤北经济、政治、文化、军事的中心重镇。位于浈江、武江、北江三江交汇处的韶关市的老城中心区——小岛片区，自后梁时期开始将州府城移至小岛片区后直至清末，韶关城市建设基本集中在小岛片区及其周边范围，是韶关的历史城区。小岛片区依山临水，拥有"一山三水"（帽子峰，浈江、武江、北江）、"三江六岸"的山水格局；营城手法独特，至今保持"鱼骨状"不对称分布的传统城市道路结构；传统街巷尺度宜人，生活气息浓厚，服务功能相对完善。

新中国成立以来，小岛片区获得了进一步的发展，成为集商业商贸、居住、文化体育、行政办公、医疗等多功能于一体的综合城市功能核心区。但是由于人口、功能的过度集聚，小岛片区面临历史街区衰败、生活环境质量降低、服务设施不胜重荷、内外交通拥堵等问题，亟待进一步加强历史城区保护、完善功能布局、优化空间质量、提升特色风貌。近年来，随着广东韶关芙蓉新城建设进程加快，各类行政办公机构开始逐步从小岛迁出，同时"三旧"改造和扩容提质工作的推进，为小岛

片区迎来了新的发展机遇。对此，现在及未来小岛片区应如何在新的城市格局下进行重新定位，完成从城市中心区向以历史文化、休闲旅游和传统风貌为特色的"历史城区"的角色转变，同时实现历史与现代的衔接，是需要进行系统和深入研究的课题。

其中，位于小岛南端的小岛三江口片区，集中了风度路步行街、花鸟鱼特色市场以及众多的商业和办公设施，小岛洲头的中山公园是小岛老城内唯一的一处大型开放绿地，构成了韶关市民认知记忆最为深刻、寄托着韶关历史最深厚情感的核心地区，同时也是小岛交通、景观风貌、历史保护问题最为突出的地区。

本次联合毕业设计竞赛分为两个层次，包括上述小岛片区概念设计（约2.76平方千米）和小岛三江口片区城市设计（约55.48公顷）。围绕"温暖的城市"主题，突出场所的历史底蕴和文化传承，加强风貌塑造，提出便于规划实施落地的针对性策略。

何谓"温暖的城市"？温暖的城市应是"自然生态的城市"，是兼顾自然景观与城市安全、兼城市生态和城市休闲，是"自然空间+交往空间"的自然生态之城；温暖的城市应是"亲近生活的城市"，是拥有丰富的贴近日常琐碎、微细、众多生活状态的城市空间，拥有融汇韶关人日常生活、延续传统的历史文化场所的生活之城；温暖的城市应是"有人情味的城市"，是居民日常可感知体验、邻里和游客能友善交流的充满生活趣味的悠闲之城……灯火虽暗，鸟鸣不绝，古街窄小，人情浓郁。

我们希望同学们能从上述角度对规划区进行相关设计，通过扎实细致的现状调研对场所进行感知和分析，从规划师、政府人员、当地居民等社会各个阶层去思考规划的意义和空间的价值，从人与城市空间的关系中寻找小岛片区面临的问题、提升的方向与实施的路径。重点考虑以下几个方面内容：

（一）突出山水特色：依托山环水聚、三江六岸的自然山水格局，合理利用滨水空间，注重场所塑造，形成城市标志，打造城市特色。

（二）彰显历史底蕴：充分利用场地的历史资源，制定保护与发展策略，提升场所品质和文化内涵，成为韶关展示历史文化魅力的地区。

（三）注重风貌塑造：注重标志性的风貌塑造，以及新旧建筑之间、改造建筑与传统建筑之间的总体风貌协调。

（四）注重实施策略：针对场地现状，理清更新思路，提出具有针对性的方案实施策略，提高方案的现实指导意义。

现状概况介绍

项目背景

　　韶关市是中国优秀旅游城市、广东省历史文化名城，目前正在申报国家历史文化名城。本项目位于韶关市的老城中心区——小岛片区，自后梁时期开始将州府城移至小岛片区后直至清末，韶关城市建设基本集中在小岛片区及其周边范围，小岛片区是韶关历史文化名城的"历史城区"所在地。

　　近年来，随着广东韶关芙蓉新城建设进程加快，各类行政办公机构开始逐步从小岛迁出，同时"三旧"改造和扩容提质工作的推进，为小岛片区迎来了新的发展机遇。对此，现在及未来小岛片区应如何在新的城市格局下进行重新定位，完成从城市中心区向以历史文化、休闲旅游和传统风貌为特色的"历史城区"的角色转变，同时实现历史与现代的衔接，是需要进行较系统和深入研究的课题。

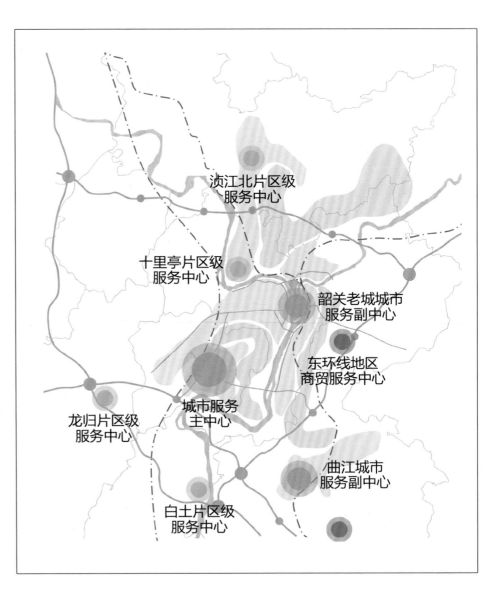

韶关城市未来发展定位

区位分析

　　小岛片区位于武江和浈江交汇处，是韶关的旧城中心，承担着韶关发展的旧城服务中心的职能。片区内的生活氛围浓厚，各类服务设施较为完善。滨水岸线完整平缓，环山抱水，岛内有风貌独特的历史建筑与空间，整体有着良好的生态与人文景观资源。

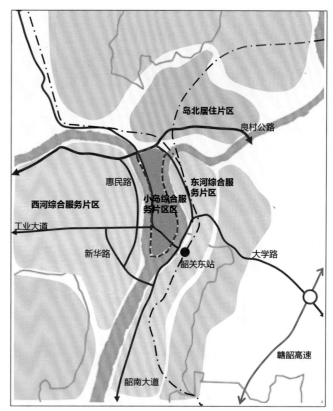

小岛区位分析图

城市山水格局

　　韶关位于三大干龙之南干南麓，周围山脉均为南岭余脉，浈、武二江于市区交汇为北江。韶关呈现出"两重山水"独特格局。市区所在山间盆地，地势比较低矮，有从两旁向中间河谷递降的趋势。老城区处于盆地中央。三江汇聚的河谷地带，城市建设用地绝大部分比较平坦，整体格局属于城在山中，水穿于城的盆地型山水城市。

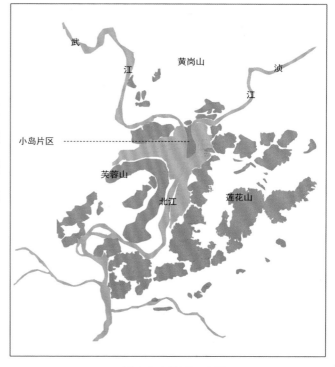

城市山水格局示意图

现状概况介绍

现状鸟瞰图

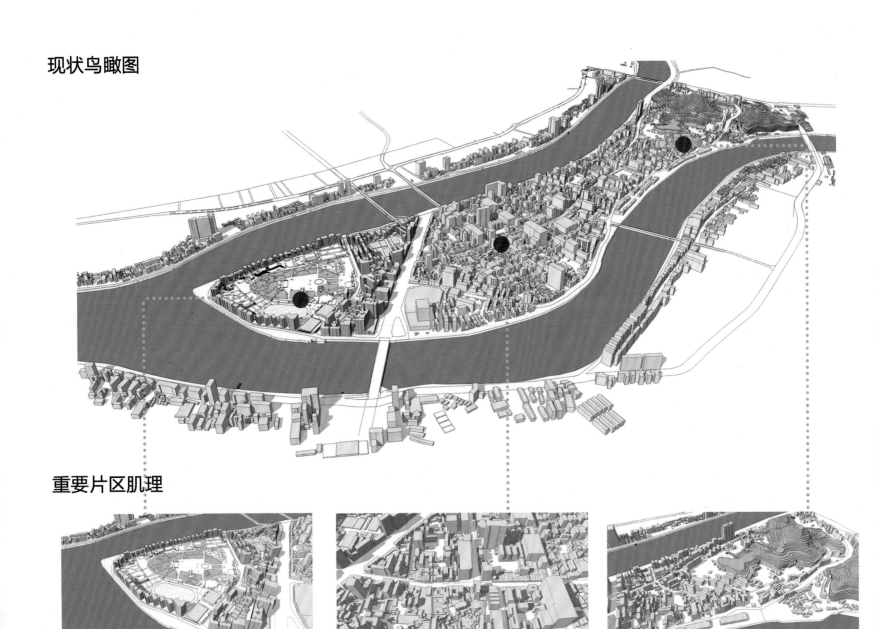

重要片区肌理

三江口中山公园片区　　　　　　　　风度路步行街片区　　　　　　　　广富街区-帽峰公园片区

基地现状

广东·韶关

2016年3月4日至3月6日

2016年3月4日，2016年度"广东省规划院杯"联合毕业设计竞赛启动会在广东省城乡规划设计研究院召开。来自广州大学、西南交通大学、昆明理工大学、南昌大学、厦门大学和哈尔滨工业大学共六所高校参加本次竞赛活动。各校师生在省城规院有关同志组织下，对省规院各个部门组织参观。

参观结束后，举行了竞赛环节的启动仪式。钱中强书记、王如荔副院长、规划四所王磊所长、规划四所主创规划师陈昌勇和所有师生参加了启动仪式，仪式由钱中强书记主持。钱中强书记简要回顾了前两次毕业设计取得的成果，并对本次联合毕业设计竞赛提出了期望，对即将毕业的学子们寄予美好的祝愿，希望他们能够再接再厉，以饱满的热情投入到城乡规划事业中。

活动流程

1.全体师生到达广州

各校分别在3月3-4日到达广州大学，并由广州大学的同学接送，顺利到达学校附近的酒店入住。

2.各校师生参观广州

提前到达广州的同学，结伴参观广州，由广大的负责人带领及提供相关攻略，各校之间进行了初步交流。

3.六校联合毕业设计动员会议

3月5日上午，由广大组织全体师生到达广东省规划院，并进行六校联合毕业设计动员大会，大家充满激情活力。

4.参观广东省规划院

随后，各校师生在省规划院相关负责人的带领下，进行参观活动，各校师生对其有了充分的认识。

活动风采及介绍

　　本次活动有了新的探索。首先，参赛队伍上增加了两所国内著名高校，本次参赛的六所院校由7位教师和46名学生组成8支队伍。院校地域分布广泛，教学各具特色。其次，在项目人员构成上，指导教师和学生在以城乡规划专业为主的基础上，增加建筑学、风景园林及环境艺术的学生。多个专业的加入可以使研究的角度更加多样，设计成果更加丰富。最后，减少交通环节，增加了在昆明理工大学为期2周工作坊，各校师生集中工作，完成模型制作及中期汇报，加强各校师生多层次的交流与讨论。

5.参观韶关市规划院

中午全体师生前往韶关市，首先到达韶关市规划院，进行参观，大家都非常的兴奋。

6.六校联合毕业设计开题会议

接着在韶关市规划院展开六校联合毕业设计开题会议。会议当中，由规划院领导及相关负责人对项目进行介绍，并解答师生的疑问。

7.各校师生开展毕设调研工作

3月5-7日，各校在韶关小岛片区进行了紧张的调研，拍摄视频、收集艺术品材料、深入当地，对片区有了深刻认识。

8.各校师生返回广州，合影留念

3月7日下午，由广大负责接送全体师生返回广州，并进行了拍照留念，各校师生相互之间进行了深入的交流。

第二站：昆明理工大学

云南 · 昆明

2016年4月2号至4月17号

　　2016年"广东省规划院杯"中期答辩于昆明理工大学如期举行，为期两周的工作坊学习，各校同学积极参与，感受颇多，中期答辩顺利结束。期待成都站西南交通大学终期答辩圆满完成。

4.2 全体学生到达昆明理工大学。

4.3 工作坊开营，提交前期工作成果。

4.4-4.9 方案与模型制作同期开展。

4.10 提交规划方案阶段工作成果，包括概念规划及局部地段的方案。

4.11 全体学生放假一天，参观云南民族村。

4.12-4.14 方案与模型的深化和修改。准备好中期答辩的成果。

4.15 指导教师到达昆明理工大学。建筑楼311举办学术讲座，全体师生参加。

4.16 中期成果汇报，学生 8:00 到场准备。

4.17 工作坊结束，下午各自返校。

活动流程

1.全体同学到达昆明

各校同学到达昆明，参观昆明理工大学新校区，准备工作坊开营。

2.工作坊开营简介

陈桔老师主持工作坊开营仪式，对工作坊具体学习工作情况进行介绍，同时表达各校同学对昆工工作坊支持的感谢。

3.工作坊动员会

漆平老师对工作坊的学习工作细节进行讲解。

4.教学指导方案深化

洛尔提老师对同学们的方案进行讲解，针对方案细节部分给出了较好意见。

活动风采

各校同学工作坊学习工作情况

各校同学昆明一日游风采

中期答辩现场精彩汇集

5.参观模型室

在老师的带领下，参观学习昆明理工大学模型制作室，并对同学们的模型制作提出了建议。

6.中期答辩现场

省规院领导及各位老师对各校同学的中期成果进行点评讲解。

7.角色扮演点评

同学扮演居民、专家、领导对方案进行点评。

8.中期答辩总结

漆平老师对昆工中期工作坊及答辩进行阶段性总结，给予同学们学习工作情况积极肯定。

第三站：西南交通大学

四川·成都

2016年6月3日至6月5日

2016年"广东省规划院杯六校联合毕业设计竞赛"终期答辩于西南交通大学建筑与设计学院如期举行。六校同学各展风采，进行了精彩的方案汇报。针对韶关市小岛地区现状的具体问题，从不同角度出发，提出了不同的城市设计方案，得到了在场的专家和各校老师的专业点评和称赞。六校同学都受益良多。

至此，本竞赛获得了圆满的成功，期待2017年联合毕业设计更上一层楼！

6.3 六校师生成都报道，进行毕业设计布展
西南交通大学建筑与设计学院报告厅举办学术讲座：
《建成与未建成—朱塞佩·特拉尼的两座房子》 黄居正
6.4 西南交通大学建筑与设计学院中庭正式答辩
举行颁奖仪式，共设一等奖一组，二等奖两组，优秀奖若干
六校师生庆功聚餐，相互交换礼物
2016年六校联合毕业设计暨"广东省规划院杯"设计竞赛圆满落幕。
6.5 六校师生参观成都锦里，各自返校。

活动流程

1.全体师生到达成都	2.终期方案汇报	3.广东省规划院领导进行点评	4.各校老师进行点评
各校师生参观西南交通大学犀浦校区，进行联合毕业设计布展，并参加《建筑师》杂志主编黄居正的学术讲座。	正式答辩现场气氛火热，学术氛围浓厚。在场专家和各校老师严谨点评，各校同学大展风采。	广东省规划院温春阳副院长对西南交通大学二组的设计方案，进行激情洋溢的专业点评。	厦门大学文超祥教授对广州大学一组的设计方案，进行专业点评。

活动风采

各位专家与各校老师仔细聆听学生汇报

各校学生进行方案汇报，专家及老师进行专业点评

汇报结束后，举行颁奖仪式，各校同学与老师合影留念

5.各校老师向各组进行现场颁奖

举行颁奖仪式，南昌大学周志仪老师向哈尔滨工业大学的同学颁发奖状。

6.各校师生合影留念

颁奖结束，各校同学与在场专家与各校老师合影留念。

7.全体师生聚餐并相互交换小礼物

答辩结束，全体师生聚餐，并交换礼物，现场气氛温暖，情谊浓浓。

8.各校同学参观成都市区

次日，西南交通大学同学带领各校同学参观成都锦里古街。

目 录

厦门大学
XIAMEN UNIVERSITY
1–19

西南交通大学
SOUTHWEST JIAOTONG UNIVERSITY
20–53

广州大学
GUANGZHOU UNIVERSITY
54– 83

哈尔滨工业大学
HARBIN INSTITUTE OF TECHNOLOGY
84–103

昆明理工大学
KUNMING UNIVERSITY OF SCIENCE AND TECHNOLOGY
104–115

南昌大学
NANCHANG UNIVERSITY
116–133

教师感言
135

后记
143

叶紫薇　城市规划

与人为善，相信因果，明心见性
感恩一路上有你，做我眼中最美的风景

厦 门 大 学
Xiamen University

刘健枭　城市规划

通宵画图我一向是不赞赏的；因为生活除了画图做设计，还有诗和远方，还有家人朋友和对象，所以能转行就赶紧转行，不能转行就不要花过分多的时间在工作和画图上，因为生活中还有太多地方值得花时间了。祝愿大家的生活时刻充满新鲜和刺激。

洪翠萍　城市规划

外表文静，内心不羁，渴望突破自我，寻求生活本质，有人说世界上只有一种英雄主义，就是在认清生活本质后依然热爱生活，我就是我，是颜色不一样的烟火。

殷鉴　城市规划

永远追求真相、满怀热情但又态度悲观的城市规划从业人员。为了城市中所谓的真理做过种种尝试，但到目前为止最终都以失败告终。标准的"衣冠禽兽"。虽然看起来严肃，但这并不影响你叫我"贱贱"。

游娟　城市规划

五年时光匆匆过，六校联合转瞬间。艰苦奋斗三月余，好友合作密无间。韶关调研美食多，昆明坊间碧蓝天。大理骑行多欢乐，成都汇报有悬念。全力以赴不留怨，圆满结束喜团圆。我是游娟，但愿每一次回忆，对生活都不感负疚。

郑颖　城市规划

人的一生，应当这样度过：当他回首往事时，不因虚度年华而悔恨，也不因碌碌无为而羞耻。大学五年匆匆而过，感恩路途中遇到的你们，是我人生中最美丽的风景。愿我们爱工作也爱生活，面对现实也心怀梦想。

设计题目
WE ISLAND-广东省韶关市小岛片区城市设计

指导教师：文超祥 王量量 林小如
作　者：刘健枭 洪翠萍 叶紫薇 殷鉴 游娟 郑颖
学　校：厦门大学建筑与土木工程学院城市规划系

城市发展格局

汉代曲江县	后梁911年	清末	中华人民共和国成立	60年代	70年代	80年代	90年代	00年代

公元前111年（汉武帝元鼎六年）置县。

韶州府城移至三江汇流的中洲半岛。

建设集中在小岛及浈江和武江沿岸，城市用地单一紧凑。

城市用地以北江沿岸为伸展轴，向南北扩展。

城市向外溢出趋势明显，随着伸展轴的延伸，轴向填充开始出现。

用地壮大，沿京广铁路等铁路，韶南大道等主要道路拓展。

城市的对外联系道路多与河道并行，使城市形态呈放射状外延。

城市南北向连片生长趋势迅猛，小岛建筑密度加大，交通负担加重。

城市行政腹地范围扩大；表现为南合、北拓和西扩。

区域发展分析

高铁网络下的韶关区位分析

韶关是全国铁路网、公路网中重要的地区性节点。是中国北方及长江流域与华南沿海之间最重要的陆路通道和关口，承担着广东省及港澳与我国中部省份经济贸易联系的中转站和重要通道职能，处于我国南部沿海通向内地的交通枢纽位置。

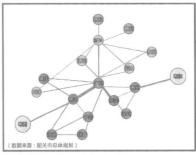

韶关与珠三角及周边城市客运流分析

韶关作为粤北区域中心城市，交通直接辐射郴州、赣州、梅州、清远、河源、云浮；依托广州辐射省内其他城市，与广州市之间存在较大的客运量。

（数据来源：韶关市总体规划）

韶关与周边城市关系分析

韶关处于以珠三角、香港、澳门为中心的华南经济圈和湖北、湖南、江西、安徽、河南等五省的华中经济圈的叠交渗透地带，是珠三角、香港、澳门经济向内地延伸扩散的重要节点，辐射内陆腹地的"黄金通道"。

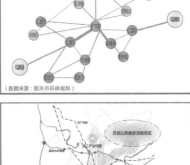

韶关市空间布局

上位规划将芙蓉新城定位为城市的中心城区，小岛片区作为城市的副中心，小岛片区部分功能向芙蓉新城中心转移。同时，以小岛为核心的韶关城市中心区域转型为韶关城市休闲旅游核，重点为大韶关地区旅游业提供交通、管理、商务等综合服务。

旅游资源分析

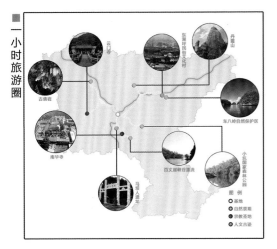

一小时旅游圈

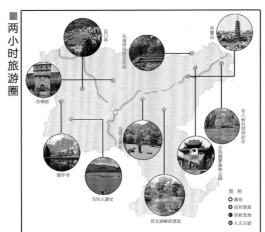

两小时旅游圈

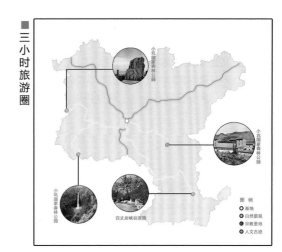

三小时旅游圈

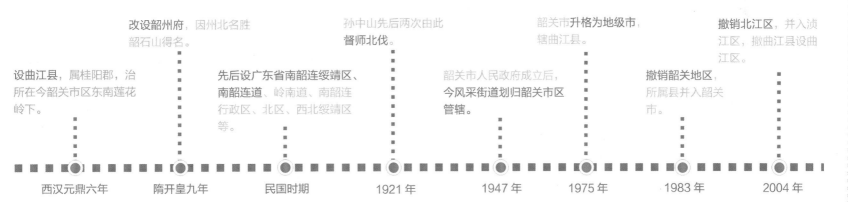

改设韶州府，因州北名胜韶石山得名。

孙中山先后两次由此督师北伐。

韶关市升格为地级市，辖曲江县。

撤销北江区，并入浈江区，撤曲江县设曲江区。

设曲江县，属桂阳郡，治所在今韶关市区东南莲花岭下。

先后设广东省南韶连绥靖区、南韶连道、岭南道、南韶连行政区、北区、西北绥靖区等。

韶关市人民政府成立后，今风采街道划归韶关市区管辖。

撤销韶关地区，所属县并入韶关市。

西汉元鼎六年　　隋开皇九年　　民国时期　　1921年　　1947年　　1975年　　1983年　　2004年

道路与交通现状分析

■ 现状路网状况

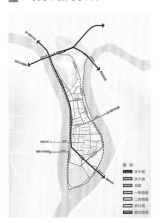

1.堵 —— 主要道路拥堵 2.占 —— 车辆占用巷道
3.多 —— 毛细血管路多 4.乱 —— 交通秩序混乱
5.断 —— 断头路不通畅

■ 现状车行方向

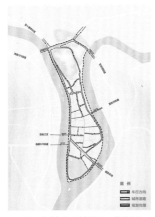

小岛内交通含有许多尽端式交通，尽端处多易形成交通滞留。西河桥、武江桥、风采桥质量较差，采用单向或限行进行控制。

■ 现状停车场地分布

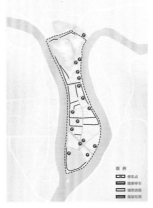

小岛南部主要设置集中式停车场，北部则多为路边停车带。此外，存在许多乱停放车辆的情况，如巷道、闲置地、人行道均会被占用。

■ 现状公交流量

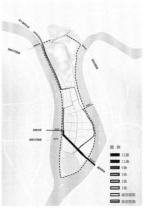

小岛片区共有16条公交线路通过，其中，解放路上通过的交通线路最多。

■ 现状公交站点及线路

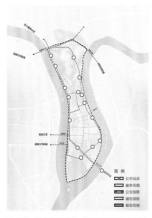

以300m服务半径计算，公交服务范围大约覆盖小岛的75%，公交较为发达，站点设计也较为明确。

设计题目

WE ISLAND-广东省韶关市小岛片区城市设计

指导教师：文超祥 王量量 林小如
作　　者：刘健枭 洪翠萍 叶紫薇 殷鉴 游娟 郑颖
学　　校：厦门大学建筑与土木工程学院城市规划系

现状建筑情况分析

现状建筑质量

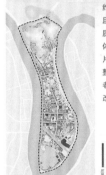

约有40%质量较差，且多为居住建筑，而质量较好建筑多位大体量商业建筑，局部片区破坏了小岛老城整体肌理。小岛片区老城居住区建筑亟待改善。

现状建筑高度

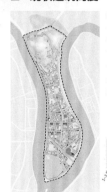

基地内部建筑以低层住宅为主，且集中分布在风度路两侧和广富新街片区，现有的低矮居住建筑不利于小岛土地区位优势效益发挥。

现状建筑密度

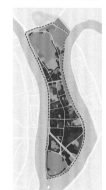

小岛片区属于老城中心，建筑密度一般较高。连续的建成区。少绿化，多建筑。需要适当见空插绿。

现状商业业态

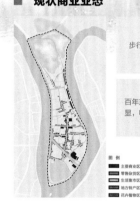

步行街业态繁杂

百年东街特色不凸显，吸引力不足

市民集市低端杂乱

现状土地利用分析

现状土地利用规划图

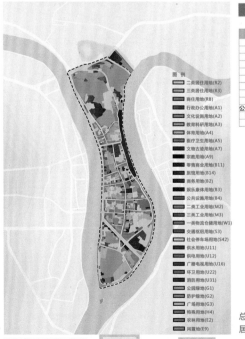

小岛土地利用现状汇总表			
用地性质	用地代号	面积（公顷）	比例（%）
闲置用地	闲置	7.35	3.48
居住用地	R	70.96	33.61
工业用地	M	0.23	0.11
仓储用地	W	0.23	0.11
道路广场用地	S	35.85	16.98
市政公用设施用地	U	3.96	1.88
绿地	G	43.37	20.54
特殊用地	H	2.39	1.13
公共管理与公共服务用地	A	31.36	14.85
商业服务业设施用地	B	15.43	7.30
总计		211.13	100.00

图例
- 二类居住用地(R2)
- 三类居住用地(R3)
- 商住用地(RB)
- 行政办公用地(A1)
- 文化设施用地(A2)
- 教育科研用地(A3)
- 体育用地(A4)
- 医疗卫生用地(A5)
- 文物古迹用地(A7)
- 宗教用地(A9)
- 零售商业用地(B11)
- 旅馆用地(B14)
- 商务用地(B2)
- 娱乐康体用地(B3)
- 公共设施用地(B4)
- 二类工业用地(M2)
- 三类工业用地(M3)
- 一类物流仓储用地(W1)
- 交通枢纽用地(S3)
- 社会停车场用地(S42)
- 供水用地(U11)
- 供电用地(U12)
- 广播电视用地(U16)
- 环卫用地(U22)
- 消防用地(U31)
- 公园绿地(G1)
- 防护绿地(G2)
- 广场用地(G3)
- 特殊用地(H4)
- 农林用地(E2)
- 闲置地(E9)

各类用地占总用地面积比例（%）

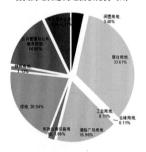

- 公共管理与公共服务用地 14.85%
- 闲置用地 3.48%
- 居住用地 33.61%
- 绿地 20.54%
- 工业用地 0.11%
- 仓储用地 0.11%
- 道路广场用地 16.98%
- 市政公用设施用地 1.88%

总结：小岛以商住用地为主，闲置用地较多，居住用地配套的绿地较少。

精峰公园
附属绿地
硬质广场
商业广场
中山公园

图例
- 商业广场
- 硬质广场
- 滨绿绿地
- 公园绿地
- 附属绿地
- 城市道路
- 规划范围

现状开放空间

分布碎 面积小 质量差

空间窄 环境破 设施少

现状绿地　　现状广场

现状开放空间环境评价

	环境品质	设施配备情况	开放情况
	绿化水平	休憩设施	人群混合
	卫生条件	儿童娱乐	人群密度
	绿化情况	绿化情况	绿化程度
	周边环境	滨水空间	开放程度

历史文化资源分析

现状历史文化资源格局

传统城市格局——以风度路为骨架的"一纵十横"传统格局
一山三水——帽子峰、浈江、武江、北江
历史纪念性公园——中山公园
严格保护历史城区内的传统街巷格局，其形态特征为：中部街巷以风度路为骨架的鱼骨状不对称分布。

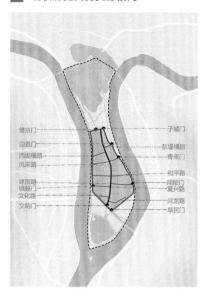

德京门　　　　子城门
迎恩门　　　　东堤横路
西堤横路　　　青来门
风采路　　　　和平路
建国路　　　　闻韶门
镇越门　　　　复兴路
文化路　　　　兴龙路
文明门　　　　阜民门

山　　水　　园

街　　巷　　门

现状历史文化资源点分布

省级文物保护单位1处：韶州府学宫
市级文保单位5处：大鉴寺、风采楼、广富新街洋楼、广州会馆门楼、余靖纪念馆
其他历史资源点：帽峰公园古堡、太傅庙、天主教堂、基督教堂、中山公园等。

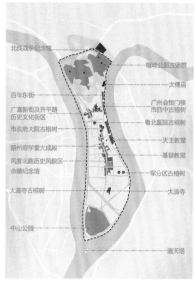

北伐战争纪念馆　　　　帽峰公园古堡群
　　　　　　　　　　　太傅庙
百年东街　　　　　　　广州会馆门楼
广富新街及升平路　　　市四中古榕树
历史文化街区　　　　　粤北医院古榕树
市政府大院古榕树　　　天主教堂
韶州府学宫大成殿　　　基督教堂
风度北路历史风貌区　　军分区古榕树
余靖纪念馆　　　　　　大鉴寺
大鉴寺古榕树
　　　　　　　　　　　通天塔
中山公园

现状公共服务设施分析

现状公共服务设施用地分布图

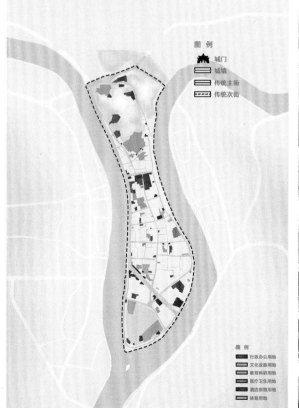

图例
城门
城墙
传统主街
传统次街

行政办公用地
文化设施用地
教育科研用地
医疗卫生用地
酒店旅馆用地
体育用地

1.功能过度聚集

市人民政府

韶关市
浈江区人民法院

市人民防空

浈江区人民检察院

2.小配套多而不精

麻雀小学多

健身设施简易零散

诊所水平低

宾馆档次低

现状教育设施分布图

市第七中学
韶关师范附属小学（高年级）
韶关师范附属小学（低年级）
市第四中学
市第一中学
建国小学（高年级）　和平小学（低年级）
市第十中学　　　　　建国小学（低年级）
　　　　　　　　　　和平小学（高年级）

图例
学校
小学服务范围
中学服务范围

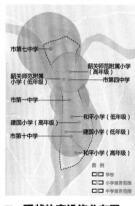

小岛内教育资源丰富，但分布杂乱，且基地内小学多为规模小、设备不符合标准的"麻雀小学"，教育资源待整合。

医疗设施方面，基地内有市第一医院在内的较好医疗资源服务全市，现状医疗用地远超标准要求，不利于达成人口疏散的目的。

现状体育设施分布图

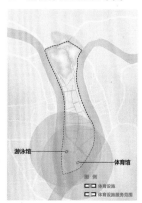

游泳馆　　　　　　体育馆

图例
体育设施
体育设施服务范围

小岛内文化、体育设施种类等较为单一，集中在中南部。

现状医疗设施分布图

粤北人民医院市区分院
市中医院和平分院
市第二人民医院门诊部
市第一人民医院
市军区医院门诊部
市第一医院门诊部

图例
低等级医疗设施
高等级医院
高等级医院服务范围
低等级医院服务范围

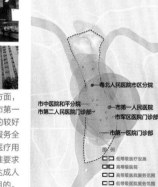

现状文化设施分布图

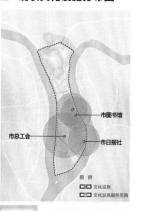

市图书馆
市总工会
市日报社

图例
文化设施
文化设施服务范围

城市建设用地比例（%）		
设施	现状	标准
教育	4.7	2.9-3.6
医疗	2.4	0.7-0.8
文化	0.7	0.8-1.0
体育	0.65	0.6-0.7

设计题目
WE ISLAND-广东省韶关市小岛片区城市设计

指导教师：文超祥 王量量 林小如
作　　者：刘健枭 洪翠萍 叶紫薇 殷鉴 游娟 郑颖
学　　校：厦门大学建筑与土木工程学院城市规划系

项目定位

■ 小岛城市定位

在保护自然山水格局的前提下，疏解居住人口，与芙蓉新城功能协调，让小岛片区从城市中心向城市副中心转变，在韶关申报中国历史文化名城的背景下，成为韶关历史文化的名片。打造以服务产业、历史文化、休闲旅游、生态宜居为核心，集居住、商业、旅游、休闲为一体的城市综合组团。

历史文化旅游休闲岛 ⟷ 开放宜居生态社区

■ 小岛城市功能

历史文化中心：挖掘城市历史故事，提升城市魅力，将名人文化、旧城历史、广富新街及升平路历史文化、百年东街等要素结合，共同形成以文化、商业为主要功能的历史文化中心。

旅游服务中心：以小岛为核心的韶关城市中心区域，重点为大韶关地区旅游业提供交通、管理、商务等综合服务。在积极改善韶关城市环境、整体风貌的基础上，提升中山公园以及"三江六岸"的旅游发展潜力，开展商务旅游和城市观光游。

商业服务中心：传统商业与现代服务业共存，文化与旅游点缀。逐步导入特色商业、文化休闲、文化创意、旅游服务等高端功能，在拉动城乡消费、丰富居民生活同时，实现产业转型升级。

■ 小岛片区定位

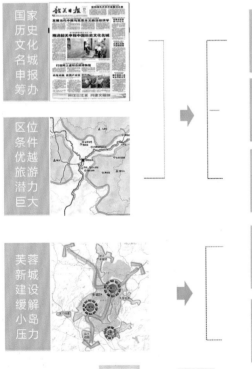

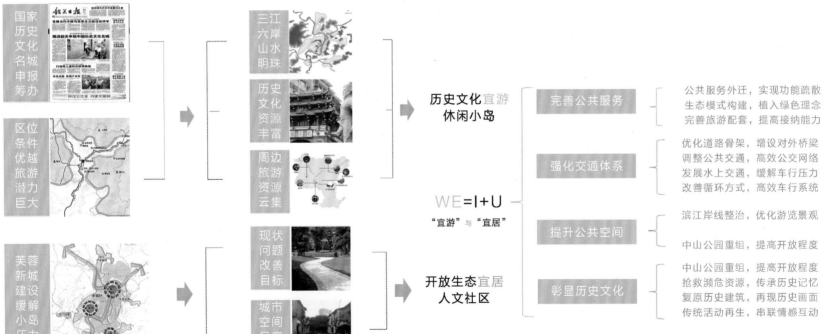

国家历史文化名城申报筹办 → 三江六岸山水明珠 / 历史文化资源丰富 / 周边旅游资源云集 → 历史文化宜游休闲小岛

区位条件优越旅游潜力巨大

芙蓉新城建设缓解小岛压力 → 现状问题改善目标 / 城市空间尺度适宜 → 开放生态宜居人文社区

WE=I+U
"宜游"与"宜居"

完善公共服务：公共服务外迁，实现功能疏散 生态模式构建，植入绿色理念 完善旅游配套，提高接纳能力

强化交通体系：优化道路骨架，增设对外桥梁 调整公共交通，高效公交网络 发展水上交通，缓解车行压力 改善循环方式，高效车行系统

提升公共空间：滨江岸线整治，优化游览景观 中山公园重组，提高开放程度

彰显历史文化：中山公园重组，提高开放程度 抢救濒危资源，传承历史记忆 复原历史建筑，再现历史画面 传统活动再生，串联情感互动

设计理念

"微创手术"下的社区营造，保留城市肌理微空间。

"I"（本地居民）与"You"（外来游客）人群活动的和谐共处，即旅游环境下的游住平衡。

大拆大建

大拆大建

游住冲突

精细设计

精细设计

人群和谐

■ 微创手术

城市更新作为城市新陈代谢的成长过程，将从传统"大拆大建"的粗放型建设方式，转变到关注零星地块、闲置地块、小微空间的品质提升和功能塑造，改善社区空间环境。微空间不仅涉及个人生活空间，更触及一系列与公共生活相关的空间，例如人行道、街头公园、街旁绿地、小区游园和居住区广场等。同时微创手术下的社区营造，也是为了在游客与居民的问题上，保证本地居民的需求得到满足。

■ 人群平衡

通过对游客路线的规划，以及公共空间等级的划分（开发、半开放、半私密、私密），对游客的行为进行约束。同时，在游客大量涌入时，政府部门进行政策的限定，对矛盾进行引导和协调；具体办法如：限定外来停车数量，提高停车价格等。

■ 完善公共服务

策略

策略一 公共服务外迁，实现功能疏散

小岛片区与周边片区在基本公共服务建设上的差距较大，造成持续的人口增长和跨境交通带来的拥堵等一系列的问题，也进而导致了规划中的芙蓉新城发展缓慢，人气难以聚集。

1. 行政办公

规划将除北部新建集中行政办公区外的其余岛内行政办公用地迁移出岛，搬迁至芙蓉新城。

2. 教育用地

基地内存在较多规模小、设施不完善的麻雀小学，及较多师资力量良好的中学，一定程度上加剧了小岛人口的集聚，规划建设两所完全小学，保留韶关市第一中学、韶关市第七中学两所中学，对其他教育用地进行功能置换。

3. 医疗用地

小岛片区内存在良好的医疗资源，一定程度上导致岛外病人涌入岛内，社区医疗不足，规划保留粤北人民医院市区分院及第一人民医院，两所等级较高的医院，将其他社区等级以上的医院搬迁至岛外。

功能集聚带来的城市问题

行政办公聚集带来的城市负担

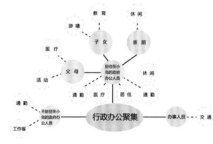

教育资源聚集带来的城市负担

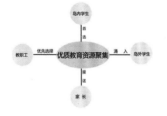

医疗资源聚集带来的城市负担

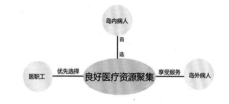

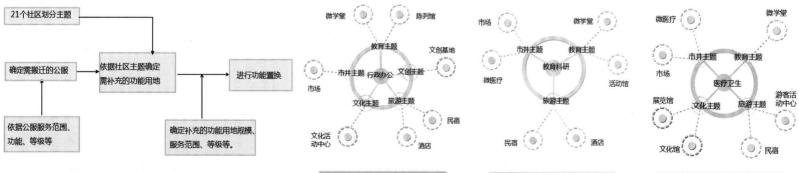

公共服务设施功能置换规划原则　　　行政办公用地功能置换　　　教育科研用地功能置换　　　医疗卫生用地功能置换

设计题目

WE ISLAND-广东省韶关市小岛片区城市设计

指导教师：文超祥 王量量 林小如
作　　者：刘健枭 洪翠萍 叶紫薇 殷鉴 游娟 郑颖
学　　校：厦门大学建筑与土木工程学院城市规划系

策略

■ 强化交通体系

策略一：强化道路骨架，增设对外交通

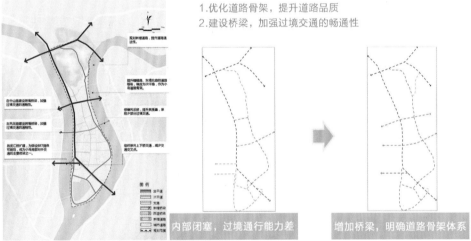

1.优化道路骨架，提升道路品质
2.建设桥梁，加强过境交通的畅通性

内部闭塞，过境通行能力差　　增加桥梁，明确道路骨架体系

增设BRT交通，使区域更加畅达
上位——上位提出建设城市BRT的构想。
连接——途经芙蓉新区和丹霞山，加强新区、老区、核心景点的联动发展以及资源共享。
快速——缓解城市交通拥挤，节约出行时间。
平衡——平衡城市的交通发展，提供比传统公交车更舒适的环境，提升城市的生活质量。
集约——相比轨道交通可以快速的建设，节约巨额的投资建设费用。

策略四：改善循环方式，高效车行系统

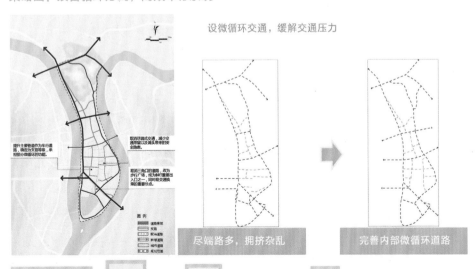

设微循环交通，缓解交通压力

尽端路多，拥挤杂乱　　完善内部微循环道路

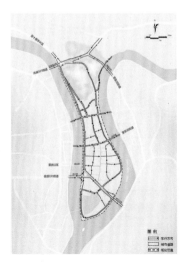

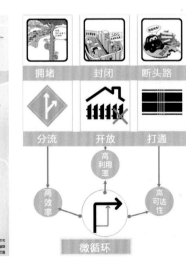

策略二：调整公共交通，高效公交网络

1.调整公共交通，高效公交网络。

2.引入智能信息系统，信息化公共交通

在换乘站点设置智能信息服务平台，实时播报公车班次信息、提高乘车效率。

策略三：发展水上交通，缓解车行压力

增加公共航运，区域快速通行

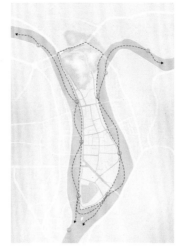

静态交通规划

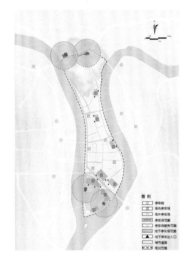

取消——规划取消部分闲置地被占用作为临时停车场的情况，将闲置地进行改造。

限制——小岛限制机动车在岛内的停放，在入岛通道附近设置停车点，岛内通过对停车价格的提高限制停车。倡导人们通过换乘公共交通入岛。

集约——岛内将部分建筑改造为停车楼，满足小岛内部功能地块的停车需求。在部分新建场地设置地下停车场。

智慧——联合机动车换乘和公交车调度系统，建设先进的停车诱导系统，提高交通系统的整体运行效率，减少能源消耗和环境污染。

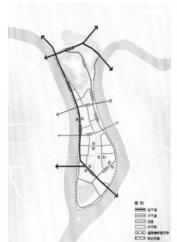

A-A剖面

B-B剖面

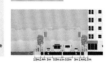

D-D剖面

C-C剖面

E-E剖面

■ 提升公共空间

策略一：滨江岸线整治，优化游览景观

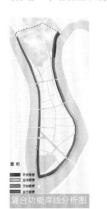

复合功能/岸线分析图

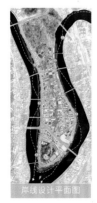

岸线设计平面图

局部透视图

水边延伸空间

水上观光/交通

木栈道

岸线景观

人工湿地

策略二：微型公园打造，改善生活网络

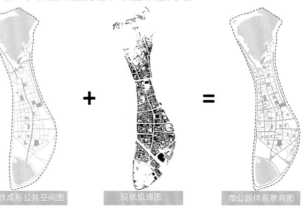

现状成形公共空间图 + 现状肌理图 = 微公园体系意向图

微公园特性：

连通性

可达性

私密性

开放性

高绿度

多元性

设计题目

WE ISLAND-广东省韶关市小岛片区城市设计

指导教师：文超祥 王量量 林小如

作　　者：刘健枭 洪翠萍 叶紫薇 段鉴 游娟 郑颖

学　　校：厦门大学建筑与土木工程学院城市规划系

■ 彰显历史文化

九成遗响　　　　　　　中流塔影

笔锋写云　　　　　　　榕桌晚眺

韶关拟恢复传统"二十四景"及建设历史名人雕塑长廊

韶关作为一座拥有数千年历史的古城，拥有丰富的历史文化，曾有名胜九成遗响、榕桌晚眺、芙蓉丹灶、笔锋写云、莲峰樵唱、中流塔影、南华晚钟、韶石生云、薇岩积雪、涌泉流殇、仙桥古渡、狮岩招隐、诗石留题、貂蝉秋月、皇岗夕照、白沙烟艇、塔影松涛、西河竹籁、迥龙鱼笛、罗岩仙树、迴澜夜月等"二十四景"。

为创建国家历史文化名城，切实加强韶关历史文化资源的保护和管理，韶关市就恢复传统"二十四景"及建设历史名人雕塑长廊项目召开了研讨会，并邀请韶关市熟悉韶关历史、了解传统建筑的专家与学者参加会议。

打造休闲旅游精品场所和线路

打造老城——芙蓉新城水上旅游线路，推进中山公园、百年东街等重要节点 的 游船码头的规划建设；推进广富新街历史文化街区、风度路街巷步行环境的规划整治，研究"三风"古楼等重要历史景点的恢复重建。

规划历史文化点线面

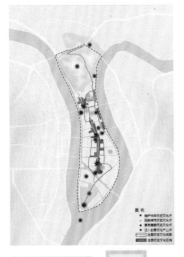

历史文化点线面	
点	北伐文化纪念馆、帽峰公园古堡群、大鹏庙、望京门、基督教堂、风采楼、风度楼、风和楼、韶州府学堂、大鉴寺、文明门、通天塔
线	百年东街 历史文化长廊
面	广富新街及升平路历史文化街区 风度路历史风貌保护区 帽岭公园 中山公园

从历史、文化、自然等角度，对韶关小岛片区的历史文化街区、文物保护单位及历史建筑、非物质文化遗产等进行综合分析并进行适当的微改造，总结出韶关小岛的历史文化资源脉络及其发展旅游的主要线路。

策略一：维护优势历史文化资源点

北伐文化纪念馆、帽峰公园古堡群、基督教堂、大傅庙、韶州府学堂、中山公园、通天塔、风采楼

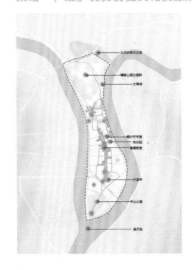

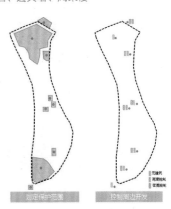

策略二：抢救濒危历史文化资源点

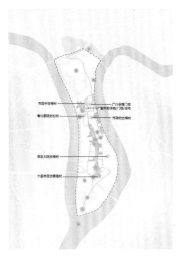

广富新街更新提升模式

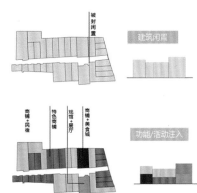

保持广富新街原本的建筑形态，对建筑外型进行适当整治，内部空间构造结合注入的新功能进行改造设计。

大鉴寺后古菩提树微空间营造

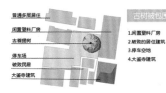

大鉴寺后古菩提树被建筑紧紧包围，生长于狭缝之中，既显得拥挤，又不能很好地体现出其价值，因此对其周边建筑进行适当拆除及新功能注入，并营造舒适宜人的开放场所。

策略三：复原历史建筑物/构筑物

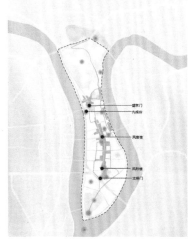

风度楼、风烈楼、九成台、文明门、望京门

模式一：原址原型重建

案例借鉴：江南四大名楼之谢朓楼

通过对谢朓楼历史文化背景及唐代楼阁特征进行了系统研究探讨的基础上，按照"保护历史遗迹、重现历史风貌"和"整旧为新"的原则，对建筑方案进行数次优化修改，最终确定重建方案。

谢朓楼

模式二：灯光塑形展示

案例借鉴：911国家纪念广场灯光设计

纪念911的《纪念之光》，蓝色光柱从世贸遗址附近射向曼哈顿的夜空，象征着在911事件中消失的纽约市世界贸易中心双子塔永远屹立。

9.11纪念广场

模式三：计算机虚拟现实

案例借鉴：北京市圆明园碧澜桥实现虚拟复原

技术人员利用3D扫描技术将碧澜桥遗存石块转化为点云数据，在电脑中通过大量的数字运算和拼接尝试实现虚拟复原。

碧澜桥

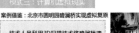

概念规划总平面图

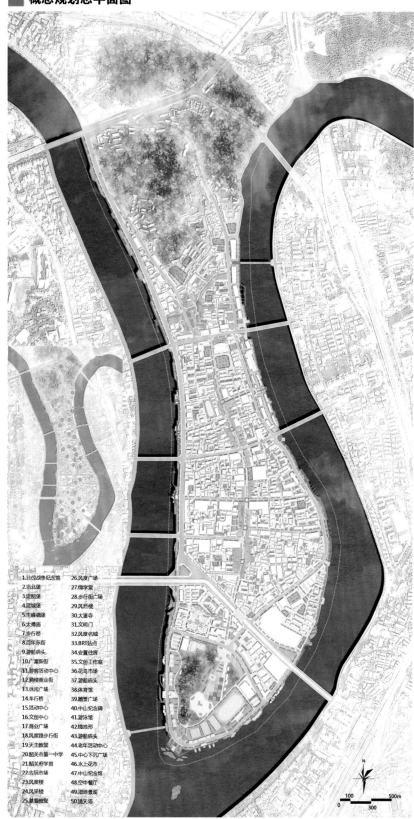

1.北伐战争纪念馆　　26.风度广场
2.巩北堡　　　　　　27.骑学堂
3.迎恩堡　　　　　　28.步行街广场
4.武城堡　　　　　　29.风烈楼
5.主峰碉堡　　　　　30.大鉴寺
6.大榭庙　　　　　　31.文明门
7.步行桥　　　　　　32.风度名城
8.百年东街　　　　　33.BRT站点
9.游船码头　　　　　34.安置住房
10.广富新街　　　　　35.文创工作室
11.游客活动中心　　　36.花鸟市场
12.购物商业街　　　　37.游船码头
13.休闲广场　　　　　38.体育馆
14.车行桥　　　　　　39.雕塑广场
15.活动中心　　　　　40.中山纪念碑
16.文创中心　　　　　41.游泳馆
17.商业广场　　　　　42.微地形
18.风度漫步行街　　　43.游船码头
19.天主教堂　　　　　44.老年活动中心
20.韶关市第一中学　　45.中心下沉广场
21.韶关孔府学宫　　　46.水上花市
22.古玩市场　　　　　47.中山纪念馆
23.风度街　　　　　　48.空中餐厅
24.风烈楼　　　　　　49.湿地景观
25.基督教堂　　　　　50.通天塔

0　100　500m
　　300

设计题目

WE ISLAND-广东省韶关市小岛片区城市设计

指导教师：文超祥 王量量 林小如

作　者：刘健枭 洪翠萍 叶紫薇 殷鉴 游娟 郑颖

学　校：厦门大学建筑与土木工程学院城市规划系

■ 社区单元分析

■ 社区划分依据

根据建筑同质性（年代、风貌、质量）、空间肌理、用地分类、人群关联度将岛内划分为21个社区单元。后期对21个社区单元进行现状分析与特色挖掘，最后根据各个社区的状况对其进行再造。改造居住环境的同时也增加人群之间的联系度。

■ 社区单元评估

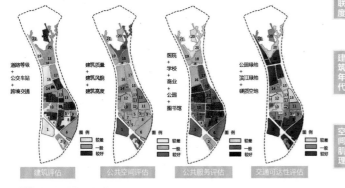

道路等级 + 公交车站 + 跨境交通 | 建筑质量 + 建筑风貌 + 建筑高度 | 医院 + 学校 + 商业 + 公园 + 图书馆 | 公园绿地 + 滨江绿地 + 硬质空地

图例　较差　一般　较好

建筑评估　　公共空间评估　　公共服务评估　　交通可达性评估

用地分类

社区关联度

建筑年代

空间肌理

■ 社区划分图

淡漠的人际交往

被破坏的社区

■ 社区再造的起因

通过社区的再造联结人群

宜居的社区

■ 土地利用规划图

■ 土地利用配比汇总表

小岛土地利用规划汇总表

用地性质	用地代号	面积（公顷）	比例（%）
居住用地	R	62.1	29.41
道路广场用地	S	40.08	18.98
市政公用设施用地	U	3.76	1.78
绿地	G	45.71	21.65
特殊用地	H	2.5	1.18
公共管理与公共服务用地	A	31.33	14.84
商业服务业设施用地	B	25.65	12.15
总计		211.13	100

各类用地占总用地面积比例（%）

图例

■ 社区再造框架

解决思路

解决策略

目标

打通微循环 | 构建微绿地 | 新增微公服 | 策划微项目

疏通毛细路 | 增设微公交 | 规划自行车线路 | 公园微改造 | 公园微置造 | 社区微学堂 | 社区微医疗 | 旅游主题线路 | 民俗活动策划

开放生态宜居社区

▉ 打通微循环

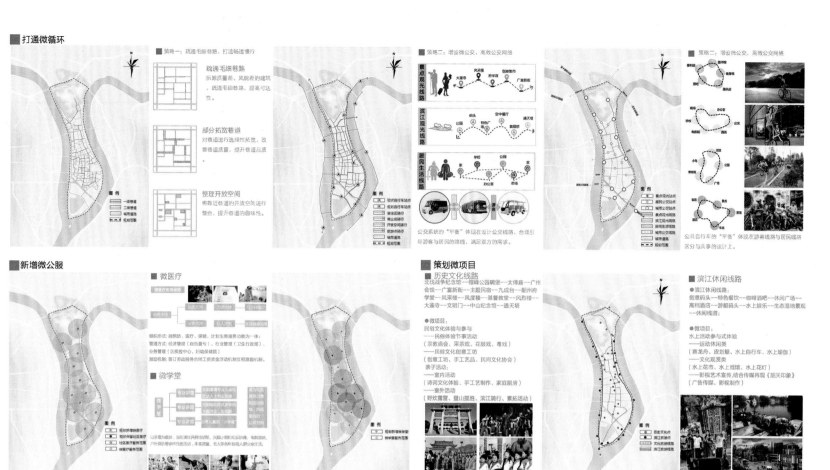

■ 策略一：疏通毛细巷路，打造畅通慢行

疏通毛细巷路
拆除质量差、风貌差的建筑，疏通毛细巷路，提高可达性。

部分拓宽巷道
对巷道进行选择性拓宽，改善巷道质量、提升巷道品质。

整理开放空间
将靠近巷道的开放空间进行整合，提升巷道的趣味性。

■ 策略二：增设微公交，高效公交网络

重点观光线路

滨江观光线路

居民生活线路

公交系统的"平衡"体现在设计公交线路，合理引导游客与居民的路线，满足双方的需求。

■ 策略二：增设微公交，高效公交网络

公共自行车的"平衡"体现在游客线路与居民线路区分与共享的设计上。

▉ 新增微公服

■ 微医疗

组织形式：融预防、医疗、保健、计划生育服务功能为一体；
管理方式：经济管理(自负盈亏)、行业管理(卫生行政部门)、
业务管理(区疾控中心、妇幼保健)；
激励机制：签订劳动服务合同工资奖金浮动机制互相激励机制。

■ 微学堂

以学堂为载体，居民通过并利自治组织，兴趣小组共同组织、电影放映、
户外锻炼等各类活动动，丰富居民生活，老人等各年龄人群均可受益使。

▉ 策划微项目

■ 历史文化线路
北伐战争纪念馆--额峰公园碉堡--太傅庙--广州
会馆--广富新街--主题民宿--九成台--韶州府
学堂--风采楼--风度楼--耶稣教堂--风烈楼--
大鉴寺--文明门--中山纪念馆--通天塔

●微项目：
民俗文化体验与参与
——民俗体验节事活动
(宗教庙会、采茶戏、花鼓戏、粤戏)
——民俗文化创意工坊
(创意工坊、手工艺品、民间文化协会)
——室内活动
(诗词文化体验、手工艺制作、家庭厨房)
——室外活动
(野炊露营、登山揽胜、滨江骑行、素拓活动)

■ 滨江休闲线路
●滨江休闲线路：
创意码头--特色餐饮--咖啡酒吧--休闲广场--
高档酒店--游艇码头--水上娱乐--生态湿地景观
--休闲绿道；

●微项目：
水上活动参与式体验
——运动休闲类
(赛龙舟、皮划艇、水上自行车、水上瑜伽)
——文化观赏类
(水上花市、水上戏馆、水上花灯)
——影视艺术宣传，结合传媒再现《韶关印象》
(广告传媒、影视制作)

▉ 实施策略

■ 社区更新时序

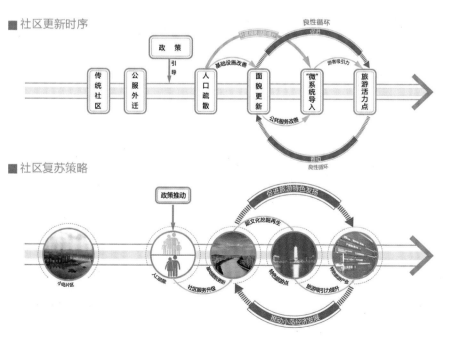

政策
引导

传统社区 → 公服外迁 → 人口疏散 → 面貌更新 → "微"系统导入 → 旅游活力点

基础设施改善　良性循环　游客吸引力　促进　良性循环　公共服务改善　推动

■ 社区复苏策略

政策推动

促进旅游特色发扬
韶文化挖掘再生
推动小岛经济发展

小岛片区　人口疏散　社区服务升级　基础设施更新　特色旅游点　旅游吸引力提升

■ 社区组织机制

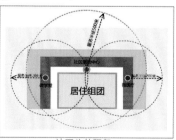

居住组团

社区公共服务

公共服务微型化：改变常态下公共服务设施大型化发展模式，打造微型公共服务设施，使公共服务私人定制化，为社区居民提供更多"量身定做"服务。

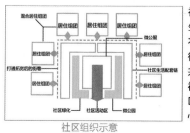

混合居住组团　居住组团

打通拓宽的街巷　微公服
居住组团　社区生活配套链
社区绿化　社区活动区　微公园

社区组织示意

社区生活配套链：解决社区居民基础生活需求，包括社区商业、满足居民衣食住行需要。
街巷梳理：通过打通、拓宽、添加公共空间等手法梳理社区毛细血管。
社区活力注入：通过增添微公园等社区活动空间，以微学堂、社区活动中心为载体，使社区换发新的活力。

设计题目
WE ISLAND-广东省韶关市小岛片区城市设计

指导教师：文超祥 王量量 林小如
作　　者：刘健枭 洪翠萍 叶紫薇 殷鉴 游娟 郑颖
学　　校：厦门大学建筑与土木工程学院城市规划系

■ 营造微公园

■ 公园微改造

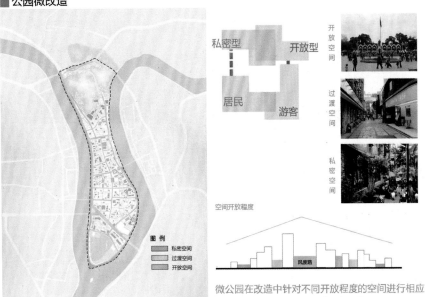

空间开放程度

微公园在改造中针对不同开放程度的空间进行相应需求的设计，对居民和游客进行平衡。

■ 微公园布局形式

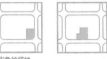

街角的场地

微空间中存在许多占用巷道的情况，经过测算，停一辆小汽车的空间，足以停十辆自行车、供8个人坐。将停车占用的空间改造为微公园活动空间，方便市民和游客共享，此模式的空间多用于过渡空间的改造。

■ 改造前后对比

微空间中存在许多宅间地简陋的情况，对宅间的空地进行绿化设计处理，此模式的空间改造适用于私密空间的改造。

微空间中存在许多户前空间闲置以及建筑立面破败的情况，对宅前的空地进行铺装提升处理，对建筑立面植入绿色植物，营造出微环境，此模式的空间改造适用于私密空间的改造。

■ NPO策略

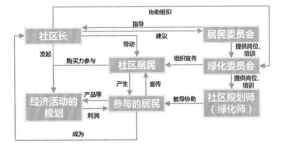

文创社区

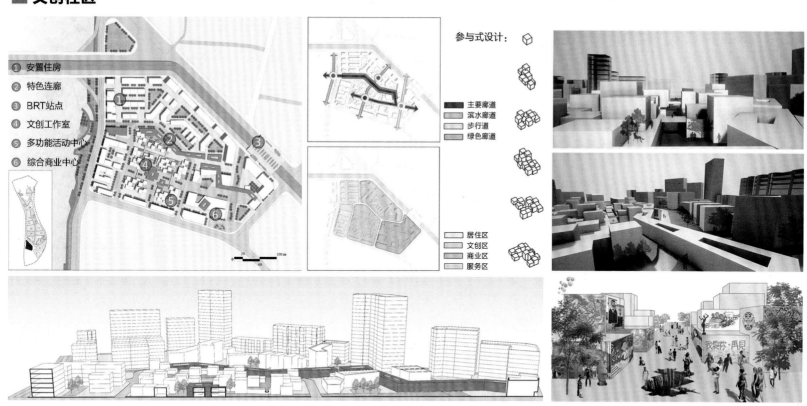

① 安置住房
② 特色连廊
③ BRT站点
④ 文创工作室
⑤ 多功能活动中心
⑥ 综合商业中心

参与式设计：

主要廊道
滨水廊道
步行道
绿色廊道

居住区
文创区
商业区
服务区

设计题目

WE ISLAND-广东省韶关市小岛片区城市设计

指导教师：文超祥 王量量 林小如
作　　者：刘健枭 洪翠萍 叶紫薇 殷鉴 游娟 郑颖
学　　校：厦门大学建筑与土木工程学院城市规划系

■ 文化社区

① 老年活动中心

② 幼儿之家

③ 教工幼儿园

④ 韶州府学宫

⑤ 府学广场

⑥ 商业广场

整修建筑

拆除建筑

新建建筑

总平面图

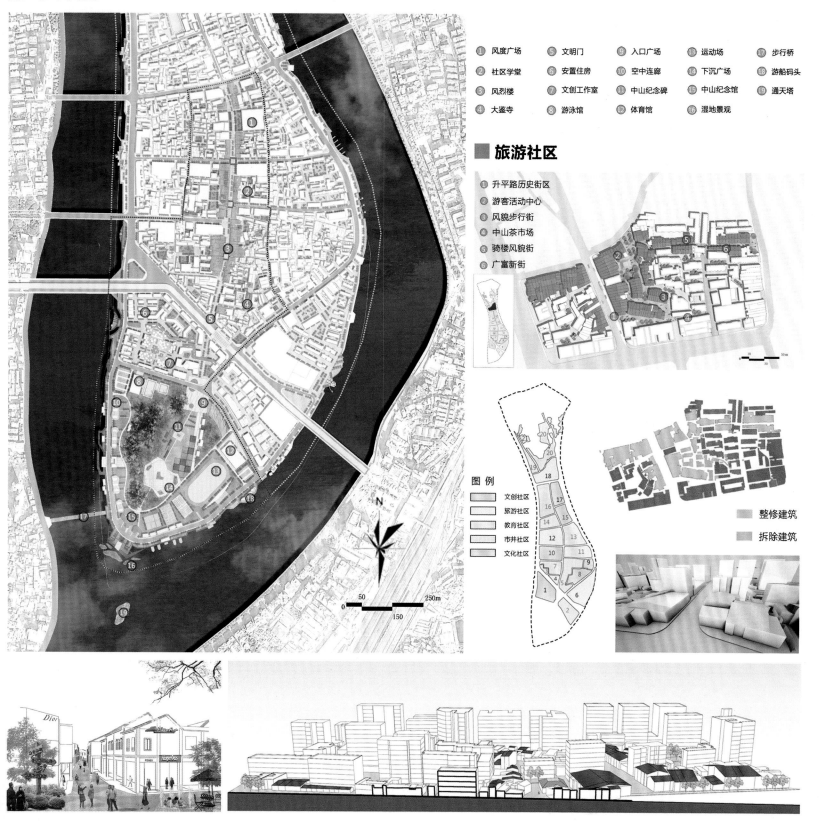

① 风度广场	⑤ 文明门	⑨ 入口广场	⑬ 运动场	⑰ 步行桥
② 社区学堂	⑥ 安置住房	⑩ 空中连廊	⑭ 下沉广场	⑱ 游船码头
③ 风烈楼	⑦ 文创工作室	⑪ 中山纪念碑	⑮ 中山纪念馆	⑲ 通天塔
④ 大鉴寺	⑧ 游泳馆	⑫ 体育馆	⑯ 湿地景观	

旅游社区

① 升平路历史街区
② 游客活动中心
③ 风貌步行街
④ 中山茶市场
⑤ 骑楼风貌街
⑥ 广富新街

图例

文创社区
旅游社区
教育社区
市井社区
文化社区

整修建筑
拆除建筑

设计题目
WE ISLAND-广东省韶关市小岛片区城市设计

指导教师： 文超祥 王量量 林小如
作　　者： 刘健枭 洪翠萍 叶紫薇 殷鉴 游娟 郑颖
学　　校： 厦门大学建筑与土木工程学院城市规划系

■ 市井社区

① 余靖纪念馆

② 集市广场

③ 创意集市

④ 大鉴寺广场

⑤ 大鉴寺

整修建筑

拆除建筑

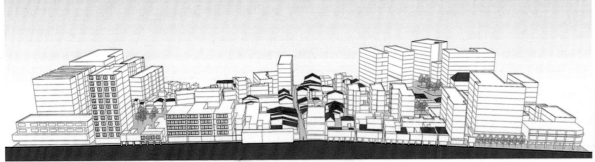

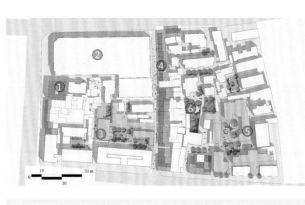

教育社区

① 社区图书馆
② 忆和广场
③ 社区学堂
④ 风貌街巷
⑤ 机关幼儿园
⑥ 市民广场

整修建筑
拆除建筑

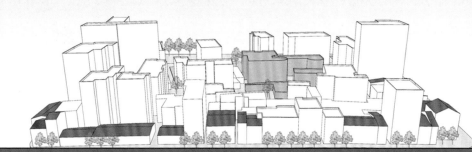

钟钰婷　城市规划

大学五年中最后一次课程设计，短短的三个月有很多感谢难以言表，很多感动难以一一细说。一分耕耘，一份收获，不给自己留下遗憾是我不竭的动力。毕业设计已经过去，明天又将是一个崭新的开始。

张雨　城市规划

这次毕设之于我最大的意义，在于打开了眼界，将目光放任于天南地北——在来自各个学校、不同学习背景的同学付诸的汗水与笑谈间，我对设计的认识与感悟便不再囿于过去五年所学。我从中看到了设计可以更细腻，更开阔，更天马行空。很感谢这次毕设，感谢与大家共同学习的机会！

韩韵　城市规划

每一次设计都是成长的过程，这次设计也不例外。毕设之中，从模仿到结合，从结合到创造，从创造到迷茫，从迷茫再到反思……回环往复与破立之间，我与老师和同学们共同见证了设计的完成，亦即大家一道成长的过程。经历了这段难忘的时光，我相信在今后的设计之路上会收获更多。

西南交通大学
Southwest Jiaotong University

邓宇　城市规划

三个多月的时间，不仅仅是在做一个设计，也是一个感受和思考的过程。"过程往往更加重要"，"在流线中去感悟生活，学会设计"，"看见与发现，不断完善"，老师的一席话仿佛还在耳边，让人不断体味思考。
还记得广州三月的天，昆明澄清的水，成都红油的锅，和一群特色鲜明耐心严谨的老师，一堆天南海北的小伙伴们，让我在共同学习和交流中收获很多。

张磊　城市规划

大学最后一次设计，也许会是这一生的最后一次设计，一路走来，我都坚信努力努力不要给自己留下遗憾，无论是做设计还是做其他事情。设计已经完成，认识许多老师以及其他学校的同学，大家一起欢快的学习和生活，这才是我此次设计最大的收获。最后对自己说一句：过去不再怀念，未来还需努力狂奔。

黄赞　城市规划

随着大学的最后一个设计的顺利结束，大学生活也接近尾声。毕业设计这一路走来，感谢赵老师的耐心指导；感谢各位组员的默契合作；感谢六校师生的鼓励；感谢广东省规划院的支持。还有太多的感谢难以言表！毕业设计既考验了自己的能力，同时也发现了自己的不足，收获很多。

胡怡然　城市规划

时光飞逝，三个月的毕业设计在不知不觉中落下了帷幕。回首这段时间在广州、昆明、成都三站与其他五所高校的同学一起学习、设计，收获颇多。感谢老师的悉心指导，同学们的团结协作。通过毕业设计我学到了很多，这将是我人生中一段难忘的回忆！

周一帆　风景园林

十分开心能参加这次六校联合的毕业设计，设计过程中横跨三地，每段经历都非常惊喜和充实，在工作坊和答辩的过程中也结识了许多有趣的朋友。作为景观专业的学生，经过这次设计对规划和城市设计都有了许多新的感悟和认识。特别感谢赵炜老师这几个月的悉心指导，感谢小伙伴们互相的配合与支持。大家有缘再见~

刘佳欣　城市规划

三个月来我们在设计的同时也将自己深深融入韶关当地，去追随九龄风度，去探寻韶州山水，去在街巷院落间挥洒我们的热血青春。设计结束，这种暖意还久久萦绕心间，顿觉立题之高远，城市是温暖的，人心是温暖的，设计更需要温度，规划人需要的就是这样一颗有温度的心脏！愿今后的我们不变初心，做最有温度的设计！

孙忆凯　城市规划

伴随着大学生活中最后一个也是印象最深刻的一个设计任务的告终，匆匆忙忙的我们终于有时间再回顾其中值得回味的过程。在这漫长而又短暂的三个多月中，我们有过争执，有过玩笑，有过煎熬，有过欣慰，当然最难能可贵的是一路的坚持，一路的陪伴。在这个大家庭中，我感受到了每个人付诸的热情，学习到了本科专业外的知识，这三个月的努力是值得的。

老韶关 & 心街巷——
广东省韶关市小岛片区旧城更新设计

区位认知

韶关地处广东省北部,是岭南历史文化名城、国家旅游产业集聚区,也是粤湘赣区域性交通枢纽和商贸物流中心。小岛片区在韶州府城格局的基础上,发展成为如今韶关市域的政治、经济、文化、交通、旅游服务和信息中心,具有鲜明的山水特色和古城底蕴,生态旅游和文化旅游资源特色显著素有"岭南风度、禅宗韶关"之称。

设计说明

小岛作为韶关的公共中心,集居住、商业、商贸、文化、教育、医疗、工业等多种功能于一体,老韶关生活气息浓厚。本次设计利用小岛丰富的山水历史资源和传统生活气息,通过"街巷院"的空间手段,重构小岛片区的文化空间、绿色空间和生活空间,去平衡小岛片区现代生活和传统生活方式。

山水文化

客家文化

佛教文化

府城传统文化

基地分析

居住组团
商贸中心
九龄祖墓
古城中心
新城中心
火车东站

道路交通现状图

小岛与武江和浈江两岸的联系桥梁少,大量的交通量集中在武江桥、西河桥和曲江桥、解放路。

路面停车较多,多为小汽车和电瓶车停放。

道路断面设计缺乏对滨江活动体闲设施考虑

图例
━━━ 铁路
━━━ 国道
━━━ 城市主干道
━━━ 城市次干道
━━━ 城市支路
━━━ 人行街巷

公共交通现状图

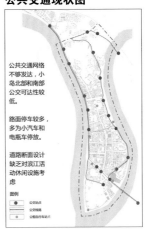

公共交通网络不够发达,小岛北部和南部公交可达性较低。

图例
● 公交站点
━━ 公交线路
━ 公共自行车站点

建筑高度现状图

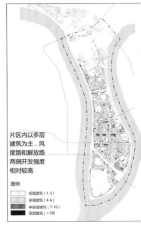

片区内以多层建筑为主,风度路和解放路两侧开发强度相对较高。

图例
▢ 低层建筑(1-3)
▨ 多层建筑(4-6)
▩ 中高层建筑(7-10)
■ 高层建筑(>10)

建筑质量现状图

规划区内主要为二类和三类建筑。二类建筑多为学校建筑、居住区建筑和沿街商住建筑;三类建筑质量较差,多以低层老旧住宅为主

图例
■ 建筑质量优良
▨ 建筑质量一般
▩ 建筑质量较差

建筑密度现状图

建筑高度高于50%的街坊约占总用地的20%

图例
▢ 建筑密度≤20%
▨ 20%≤建筑密度≤30%
▩ 30%≤建筑密度≤35%
▨ 35%≤建筑密度≤40%
▩ 40%≤建筑密度≤50%
■ 建筑密度>50%

容积率现状图

高层建筑沿道路"一字排开",对城市支路网的完善以及地块功能的梳理均带来极大的难度

图例
▢ 容积率≤1.0
▨ 1.0≤容积率≤1.5
▩ 1.5≤容积率≤2.5
▨ 2.5≤容积率≤3.5
▩ 3.5≤容积率≤5.0
■ 容积率>5.0

上位规划解读

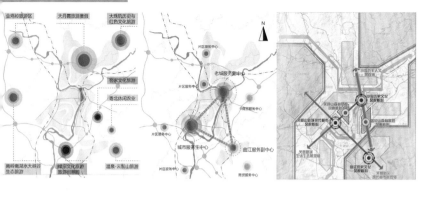

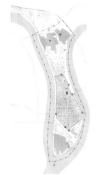

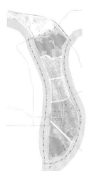

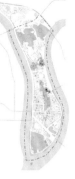

市域自然人文节点
- 总体定位

小岛位于韶关市域自然人文景观中心区域

总规确定小岛为老城服务副中心、"三江六岸"城市休闲旅游中心片区

生活文化服务副中心
- 城市结构

规划 中心城区"一带两翼三心,一主五组团"的城市结构。塑造老城中心和新老城融合互动形成主城区

历史文化风貌核心
- 整体景观风貌

强化山水格局,提彩三江六岸;挖掘名城特色,传承历史沉淀;

城垣形制
- 传统城市结构保护

保护结构:一轴两环
一轴:风度路特色商业服务轴
两环:古城城垣轮廓展示环及升平路、广富新街、东堤横路、峰前路传统文化展示环

传统城市分区与结构
- 历史城区保护区划

从传统街巷、建议历史建筑、传统风貌建筑三个方面提出对应历史文化遗产保护内容

划定广富新街及升平路历史文化街片区和风度北路历史风貌保护区,并确定建议历史建筑

历史文化资源分布
- 城区文化遗产展示

梳理山水形胜、城垣形制、历史街巷、风貌建筑的,确定小岛文化遗产展示路线

公共服务设施现状图

教育——
4所中学,4所小学,8所幼儿园。

商业——
1个商业中心,2条商业街。

办事处——
4个派出所,7个社区居委会,9个街道办事处。

文化——
7个文化活动中心。

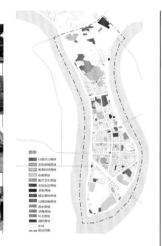

滨江岸线现状图

岸线:帽峰山岸线、生活区岸线、闲置岸线、商业区岸线、生活区岸线、生活区岸线、居住岸线、滨江公园岸线

小岛片区点状绿地不足,城市绿地分布不均匀且缺乏联系;城市滨江天际线过于单调。

土地利用现状图

总居住用地 81.75公顷
36% 40% 24%
- 商住用地
- 二类居住用地
- 三类居住用地

总用地面积
24% 16% 6% 0.6% 10% 0.7% 28% 3.4% 2% 5%

- 行政办公
- 文化设施
- 教育科研
- 零售商业
- 公园绿地
- 三类居住
- 商住
- 宗教
- 广场
- 体育
- 一类物流仓储
- 广播电视
- 旅馆
- 环卫
- 供水
- 闲置
- 供电
- 社会停车
- 特殊用地
- 防护绿地
- 二类居住
- 三类工业

韶关小岛片区存在土地混合程度高、部分土地低效利用、环境品质较低的现象

居住用地、公共管理与公共服务用地、商业服务业设施用地、道路与交通设施用地、绿地与广场用地之和占城市建设用地比例较高,体现了小岛居住综合服务的主要功能

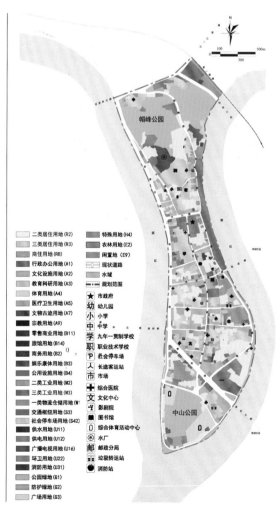

- 二类居住用地(R2)
- 三类居住用地(R3)
- 商住用地(RB)
- 行政办公用地(A1)
- 文化设施用地(A2)
- 教育科研用地(A3)
- 体育用地(A4)
- 医疗卫生用地(A5)
- 文物古迹用地(A7)
- 宗教用地(A9)
- 零售商业用地(B11)
- 旅馆用地(B14)
- 商务用地(B2)
- 娱乐康体用地(B3)
- 公用设施用地(B4)
- 二类工业用地(M2)
- 三类工业用地(M3)
- 一类物流仓储用地(W1)
- 交通枢纽用地(S3)
- 社会停车场用地(S42)
- 供水用地(U11)
- 供电用地(U12)
- 广播电视用地(U16)
- 环卫用地(U22)
- 消防用地(U31)
- 公园绿地(G1)
- 防护绿地(G2)
- 广场用地(G3)
- 特殊用地(H4)
- 农林用地(E2)
- 闲置用地(E9)
- 现状道路
- 水域
- 规划范围

- 市政府
- 幼儿园
- 小学
- 九年一贯制学校
- 职业技术学校
- 社会停车场
- 长途客运站
- 市场
- 综合医院
- 文化中心
- 影剧院
- 图书馆
- 综合体育活动中心
- 水厂
- 邮政分局
- 垃圾转运站
- 消防站

广东省韶关市小岛片区城市设计 六校联合毕业设计

23

空间问题分析

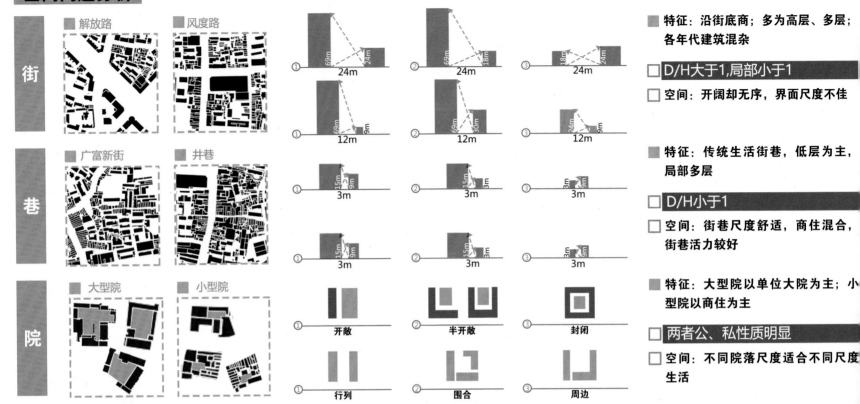

街
- 解放路
- 风度路

巷
- 广富新街
- 井巷

院
- 大型院
- 小型院

① 开敞　② 半开敞　③ 封闭

① 行列　② 围合　③ 周边

特征： 沿街底商；多为高层、多层；各年代建筑混杂

□ D/H大于1,局部小于1

□ 空间：开阔却无序，界面尺度不佳

特征： 传统生活街巷，低层为主，局部多层

□ D/H小于1

□ 空间：街巷尺度舒适，商住混合，街巷活力较好

特征： 大型院以单位大院为主；小型院以商住为主

□ 两者公、私性质明显

□ 空间：不同院落尺度适合不同尺度生活

核心问题总结

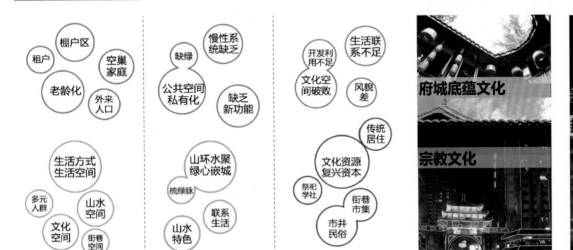

人脉混杂

多元的人群引发了老韶关生活的多样活力，是重塑老韶关的重要出发点。但是人群生活方式与自然山水空间、传统文化空间、生活性的街道空间、巷道空间、院落空间的联系较弱，人群活力无法保持。

绿脉缺乏

优质公共空间私有化现象较为严重；以帽峰山和中山公园代表的城市绿核，缺乏与周边环境的联系和新功能的注入；小岛中部片区街头严重缺乏街头绿地，街巷慢性系统缺乏相应服务设施且不成体系。

文脉破碎

小岛内部及周边历史文化资源是小岛片区城市复兴的重要资本。但其府城文化空间逐渐消失，传统粤商市井空间被闲置，小岛内部历史文化资源较为分散，削弱了小岛历史文化资源与自然环境、城市产业、城市风貌、市民生活的联系。

温暖的城市愿景

府城底蕴文化

宗教文化

多元的城市文化中心

热闹的滨江传统商业

优质的城市商业中心

宜人的滨江活动场所

惬意的山水人居城市

作为粤北历史、文化、生活的中心，韶关小岛片区本身具有浓厚的老韶关生活气息，在其自然人文尽管体系的大背景下，我们将利用小岛丰富的山水历史资源，利用"街巷院"的空间手段，重构小岛片区的文化空间、绿色空间和生活空间，提供一个平衡现代生活和传统生活方式的机会。

问题聚焦

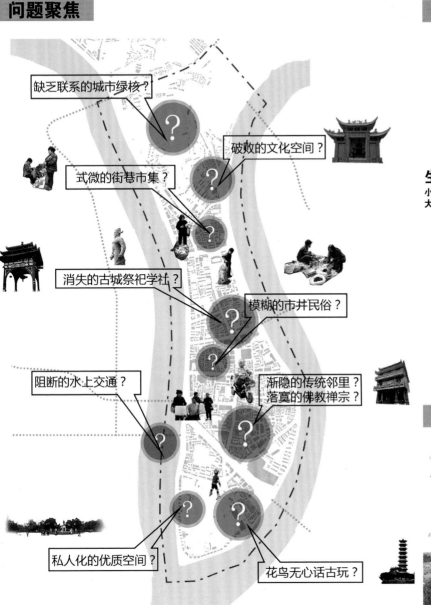

- 缺乏联系的城市绿核？
- 破败的文化空间？
- 式微的街巷市集？
- 消失的古城祭祀学社？
- 模糊的市井民俗？
- 渐隐的传统邻里？落寞的佛教禅宗？
- 阻断的水上交通？
- 私人化的优质空间？
- 花鸟无心话古玩？

韶关人文景观资源

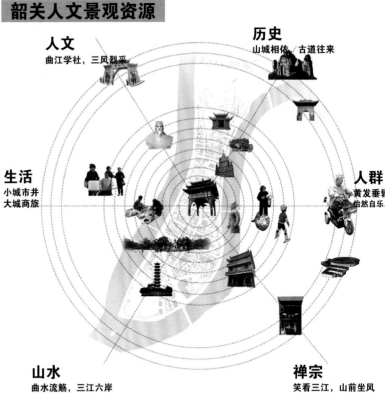

人文
曲江学社，三凤烈采

历史
山城相依，古道往来

生活
小城市井
大城商旅

人群
黄发垂髫
怡然自乐

山水
曲水流觞，三江六岸

禅宗
笑看三江，山前坐风

目标定位

古城底蕴
街市文化 多宗教文化 北伐文化
丰富文化空间 街巷肌理尺度 市井街商/祭祀学社/佛教信仰
民国风貌
自然人文旅游
市级特色商业
多元宗教
传统民俗
特色邻里
今日韶关

延续韶关历史文脉，形成自然人文节点，建立韶关传统生活特色展示片区，打造具有文化、商业、住功能的城市文化中心。

"百态生活，尽显老城底蕴；多元风貌，方知城市古今"

技术路线

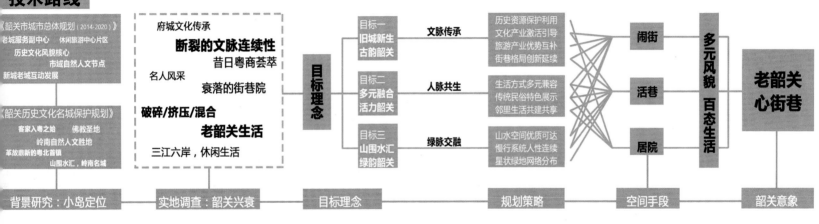

《韶关市城市总体规划（2014-2020）》
老城服务副中心　休闲旅游中心片区
历史文化风貌核心
市域自然人文节点
新城老城互动发展

《韶关历史文化名城保护规划》
客家入粤之始　佛教圣地
岭南自然人文胜地
革故鼎新的粤北首镇
山围水汇，岭南名城

府城文化传承
断裂的文脉连续性
昔日粤商荟萃
名人风采
衰落的街巷院
破碎/挤压/混合
老韶关生活
三江六岸，休闲生活

目标理念

目标一
旧城新生
古韵韶关
文脉传承
历史资源保护利用
文化产业激活引导
旅游产业优势互补
街巷格局创新延续

目标二
多元融合
活力韶关
人脉共生
生活方式多元兼容
传统民俗特色展示
邻里生活共建共享

目标三
山围水汇
绿韵韶关
绿脉交融
山水空间优质可达
慢行系统人性连续
星状绿地网络分布

闹街
活巷
居院

**多元风貌
百态生活**

**老韶关
心街巷**

背景研究：小岛定位　实地调查：韶关兴衰　目标理念　规划策略　空间手段　韶关意象

AHP 层次分析法

文脉

文脉因子选择

		建筑风貌特色	传统街巷体系	重要文保单位	人文展示价值	传统商业价值	旅游发展价值
空间价值	建筑风貌特色	1	1/6	1/5	1/3	1/3	1/3
	传统街巷体系	6	1	1	3	4	6
	文保重要单位	5	1	1	1	3	3
社会价值	人文展示价值	3	1/3	1/2	1	3	2
	传统商业价值	3	1/4	1/3	1/3	1	1
	旅游发展价值	3	1/6	1/3	1/2	1/3	1

文脉因子权重

- 建筑风貌特色
- 旅游发展价值
- 传统商业价值
- 人文展示价值
- 重要文保单位
- 传统街巷体系

（横轴：0, 0.05, 0.1, 0.15, 0.2, 0.25, 0.3, 0.35, 0.4）

人脉

人脉因子选择

		传统活力商业	活力街巷市集	文化交流场所	交通便捷程度	公服完善程度	居住空间质量
人群活力	传统活力商业	1	2	1/2	2	3	2
	活力街巷市集	1/2	1	1	3	1/2	2
	文化交流场所	2	1	1	4	1	3
人群舒适	交通便捷程度	1/2	1/3	1/4	1	1/2	1/4
	公服完善程度	1/3	2	1	2	1	2
	居住空间质量	1/2	1/2	1/3	4	1/2	1

人脉因子权重

- 交通便捷程度 0.0631
- 居住空间质量 0.1119
- 活力街巷市集 0.1568
- 公服完善程度 0.1786
- 传统活力商业 0.2381
- 文化交流场所 0.2514

（横轴：0, 0.05, 0.1, 0.15, 0.2, 0.25, 0.3）

绿脉

绿脉因子选择

		活力绿色区域	视线控制区域	可建设区域	配套商业活力	公共交通可达	步行半径覆盖
空间控制	活力绿色区域	1	4	1/2	1/2	1/2	1/3
	视线控制区域	1/4	1	1/4	1/3	1/3	1/3
	可建设区域	2	4	1	1/2	1/2	1/3
支撑系统	配套商业活力	2	2	1/3	1	4	1/3
	公共交通可达	2	3	1	1/2	1	1/2
	步行半径覆盖	3	3	3	3	2	1

绿脉因子权重

- 可建设区域 0.0566
- 活力绿色区域 0.1066
- 配套商业活力 0.1461
- 公共交通可达 0.1501
- 视线控制区域 0.2062
- 步行半径覆盖 0.3343

（横轴：0, 0.05, 0.1, 0.15, 0.2, 0.25, 0.3, 0.35, 0.4）

针对韶关小岛片区复杂多样的现状问题，本次设计通过层次分析法对小岛片区的文脉、人脉、绿脉相关要素进行评价，确定各要素的重要性排序，以确定小岛旧城更新潜力点体系，指导小岛片区概念设计。

潜力点选择

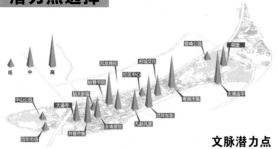

文脉潜力点

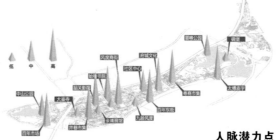

人脉潜力点

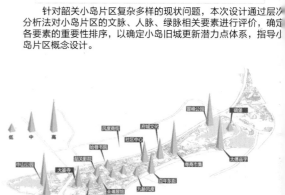

绿脉潜力点

小岛更新改造引导

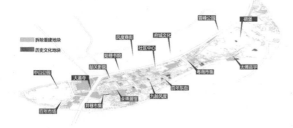

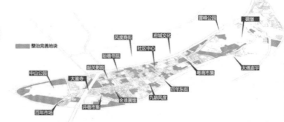

潜力点体系

山水/街巷/文化

山围水汇
粤商文化
帽峰山
自然滨江岸线
太傅庙宇
百年东街
广富新街

府城/街巷/生活

多元融合
生活文化
府城记忆点
社区中心
风采名楼
风度商街
始巷学社
俞静展馆
井巷市集
大鉴寺
城墙记忆点

滨江/公园/商业

三江交汇
休闲生活
商业综合体
百年市场
中山公园

街巷尺度控制引导

D=4M D/H≤1

D=4M D/H≤1

D=4M D/H≤1

D=4M D/H≤1

在行走中交流、生活

D=12M D/H≤1

D=12M D/H≤1

D=4M D/H≤1

D=12M D/H≤1

在动线中观察、体验城市

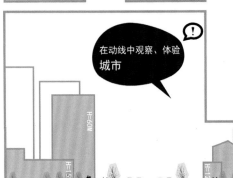
D=40M 2≤D/H≤3,能清晰的看见建筑全貌,感受城市风貌

D=18M 1≤D/H≤2,人群活动与街道空间联系紧密

建筑色彩材质控制引导

【明清风貌街区】

主辅色　点缀色

【细部】【门窗柱】【墙面】【屋顶】

材质建议以碌灰、粉墙、木材、石材为主;屋顶、墙面、门窗柱以主副色为主,建筑细部以点缀色为主

【近代传统街区】

主辅色　点缀色

【细部】【门窗柱】【墙面】【屋顶】

材质建议以涂料、外墙砖、木材、石材为主;屋顶坡屋顶和平屋顶结合;屋顶和墙面、门窗柱以主副色为主,细部则点缀色

【现代生活街区】

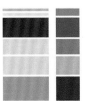
主辅色　点缀色

【商务】【居住】【商业】【文化产业】

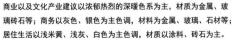

商业以及文化产业建议以浓郁热烈的深暖色系为主,材质为金属、玻璃、砖石等;商务以灰色、银色为主色调,材料为金属、玻璃、石材等;居住生活以浅米黄、浅灰、白色为主色调,材质以涂料、砖石为主。

用地调整

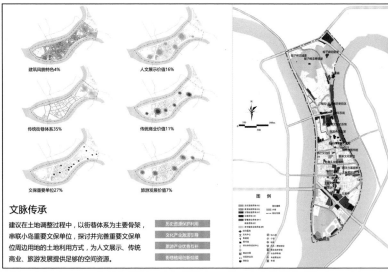

建筑风貌特色4%　人文展示价值16%
传统街巷体系35%　传统商业价值11%
文保重要单位27%　旅游发展价值7%

文脉传承

建议在土地调整过程中,以街巷体系为主要骨架,串联小岛重要文保单位,探讨并完善重要文保单位周边用地的土地利用方式,为人文展示、传统商业、旅游发展提供足够的空间资源。

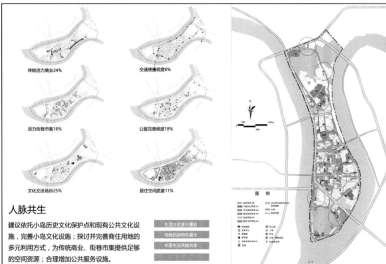

传统活力商业24%　交通便捷程度6%
活力街巷市集16%　公服完善程度18%
文化交流场所25%　居住空间质量11%

人脉共生

建议依托小岛历史文化保护点和现有公共文化设施,完善小岛文化设施;探讨并完善商住用地的多元利用方式,为传统商业、街巷市集提供足够的空间资源;合理增加公共服务设施。

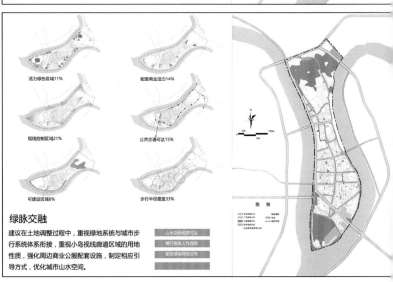

活力绿色区域11%　配套商业活力14%
视线控制区域21%　公共交通可达15%
可建设区域6%　步行半径覆盖33%

绿脉交融

建议在土地调整过程中,重视绿地系统与城市步行系统体系衔接,重视小岛视线廊道区域的用地性质,强化周边商业公服配套设施,制定相应引导方式,优化城市山水空间。

28

策划项目规划

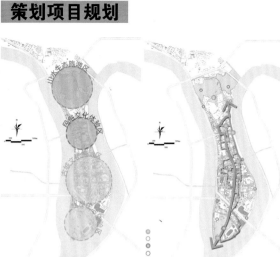

道路交通规划

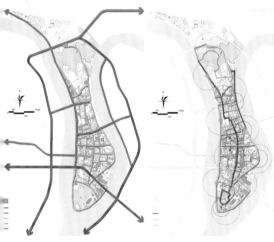

夜景灯光规划

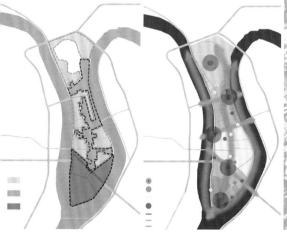

概念规划总平面图

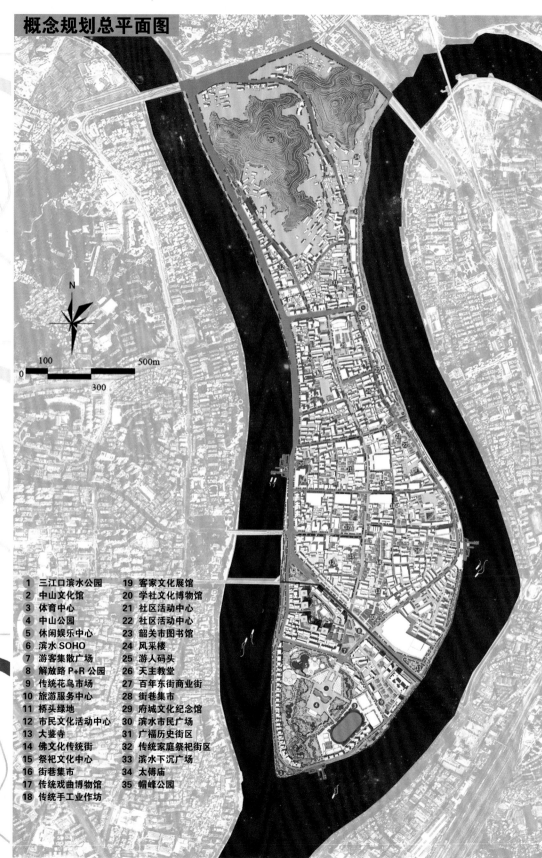

1	三江口滨水公园	19	客家文化展馆
2	中山文化馆	20	学社文化博物馆
3	体育中心	21	社区活动中心
4	中山公园	22	社区活动中心
5	休闲娱乐中心	23	韶关市图书馆
6	滨水 SOHO	24	风采楼
7	游客集散广场	25	游人码头
8	解放路 P+R 公园	26	天主教堂
9	传统花鸟市场	27	百年东街商业街
10	旅游服务中心	28	街巷集市
11	桥头绿地	29	府城文化纪念馆
12	市民文化活动中心	30	滨水市民广场
13	大鉴寺	31	广福历史街区
14	佛文化传统街	32	传统家庭祭祀街区
15	祭祀文化中心	33	滨水下沉广场
16	街巷集市	34	太傅庙
17	传统戏曲博物馆	35	帽峰公园
18	传统手工业作坊		

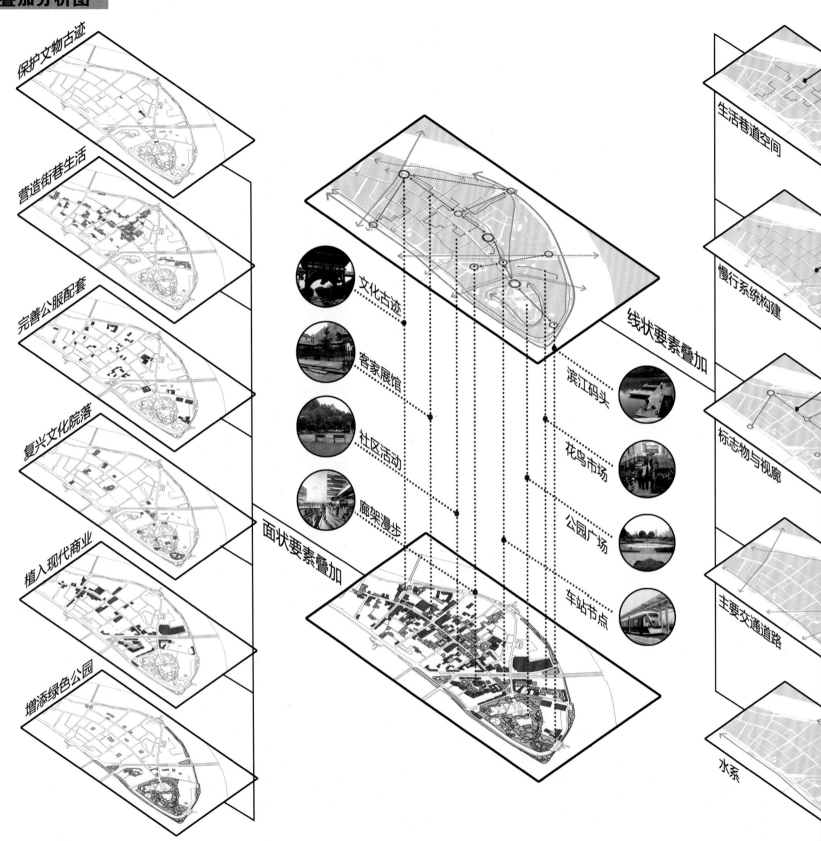

叠加分析图

保护文物古迹

营造街巷生活

完善公服配套

复兴文化院落

植入现代商业

增添绿色公园

文化古迹

客家展馆

社区活动

廊架漫步

面状要素叠加

滨江码头

花鸟市场

公园广场

车站节点

线状要素叠加

生活巷道空间

慢行系统构建

标志物与视廊

主要交通道路

水系

30

鉴于老城中心功能的高度混合性，方案采用叠加的方法研究城市布局的特点。将城市设计范围内的要素分为面状要素与线状要素。其中面状要素包括文物古迹、小尺度的商住混合建筑、公共服务设施、大体量的商业建筑、公园等；线状要素包括小尺度的生活巷道，步行为主的街巷、交通功能的街道、水系等。以线带面，形成完整的体系。

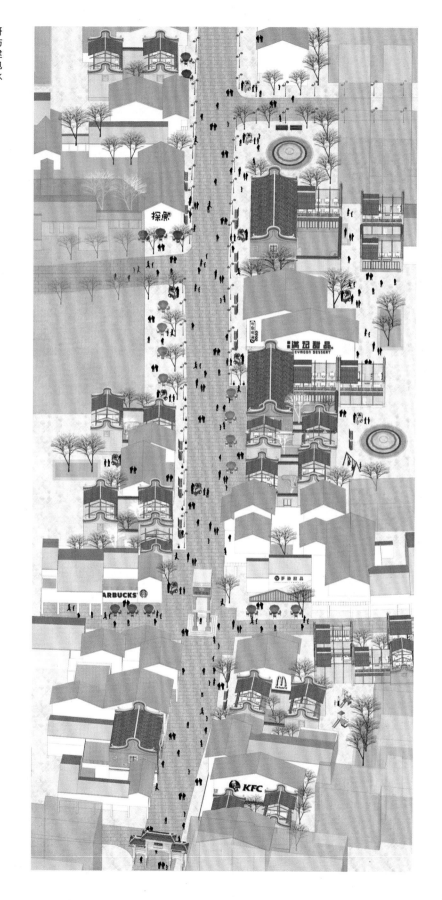

巷道之间的连通性

街道界面的连续性

步行路径的局部放大

街巷节点放大

文物古迹的标志性

轴线视廊引导

标志视线引导

交通节点的开敞

交通节点环境优化

沿江环境提升

沿江增加绿地及开放空间

公园小水系串联

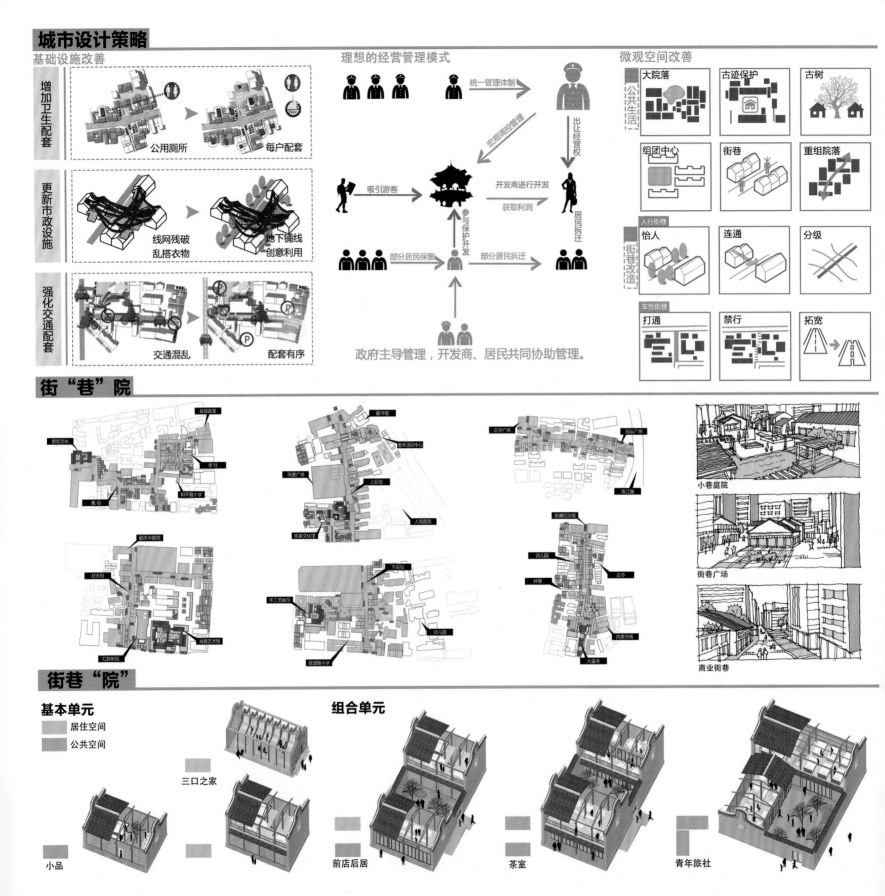

城市设计策略

基础设施改善

增加卫生配套

公用厕所 → 每户配套

更新市政设施

线网残破 乱搭衣物 → 地下铺线 创意利用

强化交通配套

交通混乱 → 配套有序

理想的经营管理模式

统一管理体制

出让经营权

宏观调控管理

吸引游客

参与保护开发

开发商进行开发

获取利润

居民拆迁

部分居民保留

部分居民拆迁

政府主导管理，开发商、居民共同协助管理。

微观空间改善

公共生活

| 大院落 | 古迹保护 | 古树 |
| 组团中心 | 街巷 | 重组院落 |

人行街巷

街巷改造

| 怡人 | 连通 | 分级 |

车性街巷

| 打通 | 禁行 | 拓宽 |

街"巷"院

祭祀文化 / 基督教堂 / 学社 / 和平路小学 / 高街

图书馆 / 老年活动中心 / 风度广场 / 上后街 / 客家文化馆 / 人民医院

云亭广场 / 码头广场 / 滨江路

韶关中医院 / 壮志街 / 手工艺展示 / 戏曲艺术馆 / 红旗影院

下后街 / 幼儿园 / 建国路小学

余靖纪念馆 / 幼儿园 / 云亭 / 井巷 / 肉菜市场 / 大鉴寺

小巷庭院

街巷广场

商业街巷

街巷"院"

基本单元

居住空间
公共空间

三口之家

小品

组合单元

前店后居

茶室

青年旅社

社区活动

粤曲展示

学社文化

巷道墟市

手艺工坊

01. 祭祀文化
02. 社区服务组团
03. 学社
04. 民俗文化体验馆
05. 风度路步行街
06. 粤曲文化
07. 工会
08. 创意产业园
09. 墟市文化街
10. 大鉴寺
11. 博物馆
12. 街头绿地
13. SOHO
14. 游客集散中心
15. 古玩街及花鸟市场
16. 中山公园
17. 岭南园林
18. 滨江公园

古城穿梭

【居院-人】

手段一：在有限的居住空间条件下，将多功能空间、开放空间等植入居住院落，增加家庭/建筑的活力空间，提高居住院落的宜人性。

手段二：构筑多样生活，以家庭为"小城市井"的基本单位，寻找多元的混合居住模式，形成多种生活方式。

【活巷-邻】

手段一：采用邻里微循环的疏通模式，形成适宜的邻里尺度，梳理邻里网络，开放封闭社区，串联多元"居院"生活

手段二：采用邻里微市井的功能植入模式，确定邻里文化记忆点、邻里市场点、邻里便民点等活力点，激发邻里交往机会

【闹街-城】

手段一：寻找"闹街"特色，调整商业业态，融入自然空间，植入文化产业，形成城市生活"脊骨"。

手段二：串联城市生活节点，打造多元的城市生活

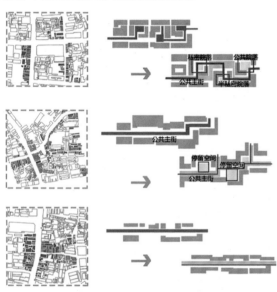

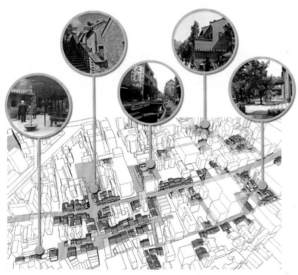

三江信步

手段一：整合辅助功能

将中山公园内的娱乐功能项目，特色文化项目、游憩体验项目进行整合，以形成一种更具合理性和整体性的体验。

手段二：增加文化底蕴及当地特色

在中山公园内引入岭南园林、北伐等文化元素，打造公园内部的小型岭南院落和文化馆，增强公园的吸引力。

手段三：空间开敞渗透

利用滨水步道、水上巴士及文化项目等，增加公园和滨水地段在三江汇合处的相互吸引力，形成良好的滨水视线通廊。

手段四：打造趣味游憩步道和骑行道

利用游憩步道和骑行道，串联中山公园各功能区，加强公园与滨水地段的可达性，使公园游憩道更具多样性。

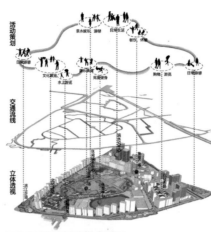

手段一：挖掘载体价值，分区处理，打造集传统与现代多种元素为一体的城市公共中心区。

手段二：强化双向联系，在解放路增加有轨交通，加强小岛与周边地区的联系。

古城活动策划

小岛居民生活流线　新城居民生活流线　游客体验流线

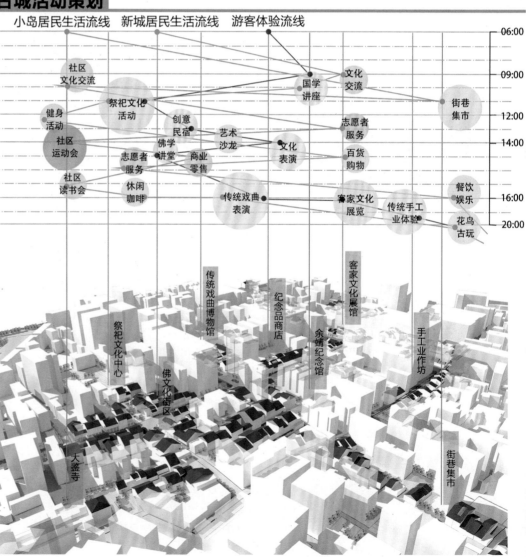

"街"巷院

剖透意向图

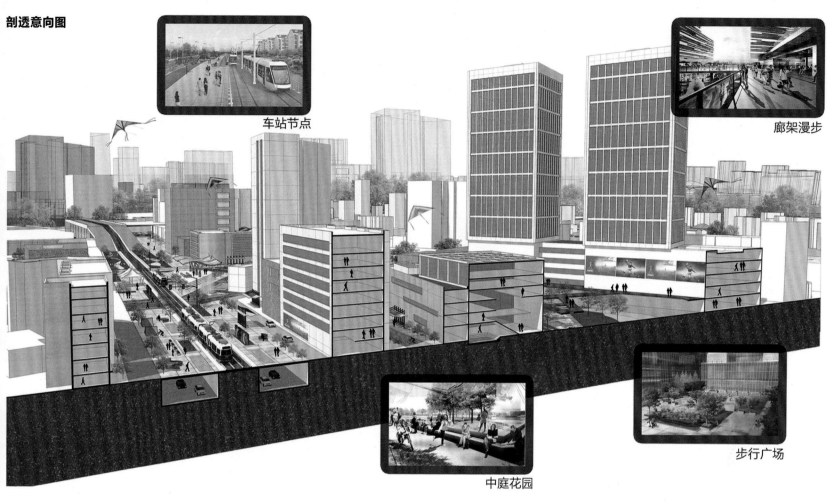

车站节点

廊架漫步

中庭花园

步行广场

沿街立面

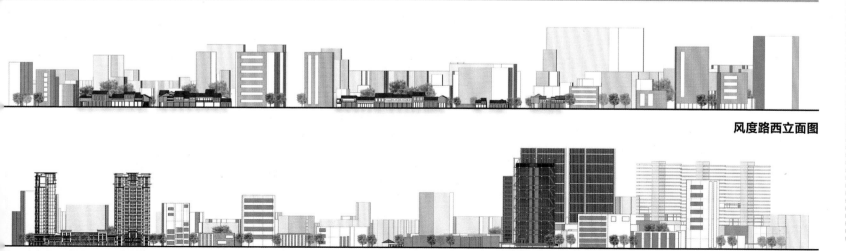

风度路西立面图

解放路南立面图

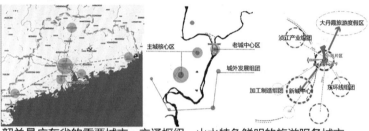

设计主题：山水岛·绿慢城—广州省韶关市小岛片区城市设计

学校：西南交通大学
指导教师：赵炜
小组成员：黄赞 胡怡然 刘佳欣 孙忆凯 周一帆

区位分析
SITE ANALYSIS

韶关是广东省的重要城市，交通枢纽，山水特色鲜明的旅游服务城市。
充满经济活力的城市——南北大通道的枢纽，粤北融入珠三角的核心城市。
生态环境宜人的城市——广东的生态屏障，珠三角绿色生态产业发展引领区。
富有历史气息，山水特色的诗意城市——岭南历史文化名城，自然景观独特，
人文景观丰富，孕育了悠久的山水特色与山水文化。

现状概况
BRIEF INSTRUCTION

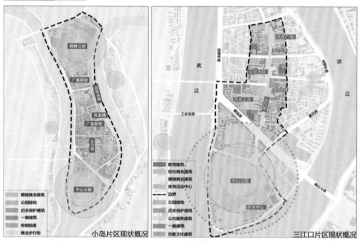

》》历史沿革

公元前
曲江"马坝人"岭南地区发现最早的古人类化石

三国末年
吴主孙诰置始兴郡，是为韶关立郡之始

隋开皇九年
取北部韶山石之韶，改设韶州

后梁乾化
韶州府迁移至三江夹特的中洲半岛，今称小岛

康熙九年
太平关移至曲江边城北外增设旱关，韶关由此得名

清末民初，韶关仍保留城墙，旧城呈"鱼骨状"不对称分布格局

抗日战争

中华人民共和国成立之后
依托地理优势成为华南重工业基地，一度越居广东第二大城市

广东省府迁至韶关，成为岭南抗战中心地

2014年
资源日益枯竭，生态破坏转型之路势在必行

未来
两江
韶关生长的文脉骑楼风雨飘摇的记忆如何延续与生长

》》城市山水格局

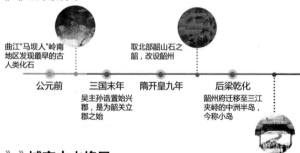

汉元鼎 后梁乾化 清末 解放初期

2005年 20世纪90年代 20世纪70年代 20世纪60年代

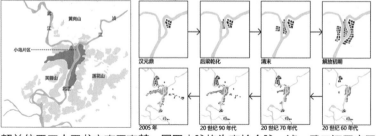

韶关位于三大干龙之南干南麓，周围山脉均为南岭余脉，浈、武二江于市区交汇为北江。韶关呈现出"两重山水"独特格局。市区所在山间盆地，地势比较低矮，有从两旁向中间河谷递降的趋势。老城区处于盆地中央。三江汇聚的河谷地带，城市建设用地绝大部分比较平坦，整体格局属于城在山中，水穿于城的盆地型山水城市。韶关城市形态发展在早年是一个缓慢适应山地环境的过程，随后呈现以小岛为中心，沿交通串联山间河谷盆地的发展态势，可以发现：历经千年的发展变迁，韶关市的城市建设始终与山水相互作用，形成了独特的山水格局。

山水关系现状
DESCRIPTION OF THE LANDSCAPE
》》城市与山水关系

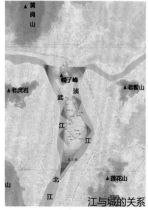
江与城的关系

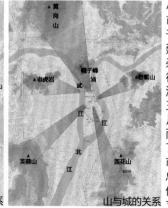
山与城的关系

小岛片区武江、浈江环绕，城市亲水性基础非常好，然而由于江边亲水设施建设缺乏，已建设施落后，以及建筑物无序杂乱的排布遮挡江景视廊，使得城市缺乏水景，自然的优势没有得到利用。
三山环绕的地理优势使得小岛片区具有城中望山的优势，然而城市中的建筑对山视界造成了阻碍，城市天际线破碎，城市周边与山交界处界限生硬，总体来看城市对山景的利用率低，城市缺乏山水景观，缺乏立体层次感。

公共空间现状
DESCRIPTION OF PUBLIC SPACES

》》街巷空间

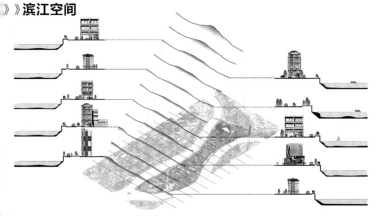

主干路 / 次干路 / 支路 / 巷道

旅馆 / 医疗服务 / 文化服务 / 学校 / 零售 / 办公 / 居住 / 商贸

	街道平面	环境质量	交通方式混合度	人群密度	问题
主干道		绿化水平 ★★★★★ 卫生条件 ★★★★★ 路边停车 ★★★★★ 亲和度 ★★★★★			主干道与城市交通衔接不畅 缺乏绿化 跨境混建成为交通瓶颈 道路系统缺乏循环
次干道		绿化水平 ★★★★★ 卫生条件 ★★★★★ 路边停车 ★★★★★ 亲和度 ★★★★★			人车混行，偏车道 公车活动密度低 缺乏绿化 道路系统缺乏循环
支路		绿化水平 ★★★★★ 卫生条件 ★★★★★ 路边停车 ★★★★★ 亲和度 ★★★★★			私人停车占据 驻足空间拥挤 功能混杂，卫生环境待优化 支路系统不完善，缺乏循环 端头多，交叉口混乱
巷道		绿化水平 ★★★★★ 卫生条件 ★★★★★ 路边停车 ★★★★★ 亲和度 ★★★★★			尺度狭窄 缺少绿化空间 院落透和墙较差 驻足空间狭小，治安混乱 卫生环境差 大量私人停车占据空间

》》绿地&广场

空间类型	周边用地性质	公共活动种类	举例	环境品质	设施数量和种类	混合度和人群密度	活力评价
	居住、商业	遛狗、跳舞、散步 唱歌、健身、聊天 下棋、遛鸟……	帽峰山公园	绿化水平 ★★★★★ 卫生条件 ★★★★★ 路边停车 ★★★★★	休憩 ♥♥♥♥ 儿童 ♥♥♥♥ 绿化 ♥♥♥♥ 滨水 ♥♥♥♥		整体活力度高 早晚活力度高
	居住	遛狗、聊天 散步、健身	社区绿地	绿化水平 ★★★★★ 卫生条件 ★★★★★ 路边停车 ★★★★★	休憩 ♥♥♥ 儿童 ♥♥♥ 绿化 ♥♥♥ 滨水 ♥♥♥		整体活力度较高 使用率较高
	居住、商业 公共设施	遛狗、跳舞、散步 唱歌、健身、聊天 下棋、遛鸟	市政附属绿地	绿化水平 ★★★★★ 卫生条件 ★★★★★ 路边停车 ★★★★★	休憩 ♥♥♥ 儿童 ♥♥♥ 绿化 ♥♥♥ 滨水 ♥♥♥		整体活力度一般 晚上活力度较高
	居住、商业 公共设施	文体、散步、健身	中学绿地	绿化水平 ★★★★★ 卫生条件 ★★★★★ 路边停车 ★★★★★	休憩 ♥♥♥ 儿童 ♥♥♥ 绿化 ♥♥♥ 滨水 ♥♥♥		整体活力度一般 白天活力度较高
	居住、商业 行政办公	游赏、散步、健身	中山公园	绿化水平 ★★★★★ 卫生条件 ★★★★★ 路边停车 ★★★★★	休憩 ♥♥♥ 儿童 ♥♥♥ 绿化 ♥♥♥ 滨水 ♥♥♥		整体活力度高 整日活力度较高

》》滨江空间

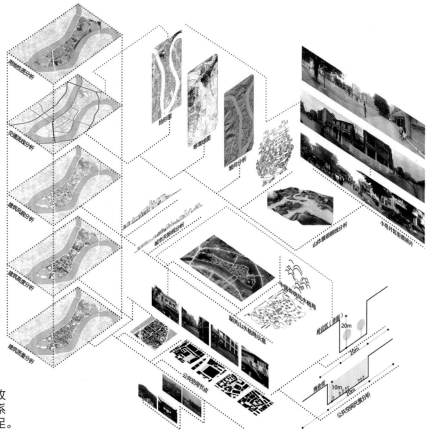

中山公园沿江被高层建筑包围，没有连贯的滨江景观。武江沿岸仍处于建设改造中，隔离严重，缺乏滨江景观。浈江沿岸景观设施不足，滨水空间整体联系较弱。视线体验上是片段式的。可达区域设施尚不完备，吸引力低，活力不足。

上位规划解读
INTERPRETATION OF THE HOST PLANNING

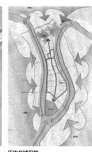

城市结构
规划形成"一带两翼三心，一主五组团"的城市空间结构

总体定位
总体规划确定小岛为韶关老城城市服务副中心、"三江六岸"城市休闲旅游中心区片区

景观风貌
小岛位于韶关市域自然人文景观中心区域强化山水格局，提彩三江六岸

历史名城保护
梳理小岛山水形胜、城垣形制、历史街巷、风貌建筑

总规对韶关的城市定位为国家南北大通道的交通运输枢纽，广东省现代制造业基地，珠江西岸先进装配制造业配套区，山水特色鲜明的旅游服务目的地和历史文化名城。

总规确定小岛为韶关老城服务中心、小岛历史文化风貌核心。在韶关新老城区融合互动发展的背景下，小岛的文化、旅游、居住功能日益突出。因此，小岛的更新要结合韶关自身特色，引入山水元素，将城市与山水融为一体，再现韶关的山水格局，通过山水景观来营造城市活力氛围。

现状问题总结
SUMMARIZE OF SITE WEAKNESS

》》功能密
功能和人口过度集中，形成巨大压力，吸引力下降。

》》布局乱
"见缝插针"式开发，新旧建筑混杂，用地布局散乱。

》》交通堵
拥堵现象突出，停车设施不足，慢行系统建设滞后。

设计构思
DESIGN CONCEPT

》》概念阐述

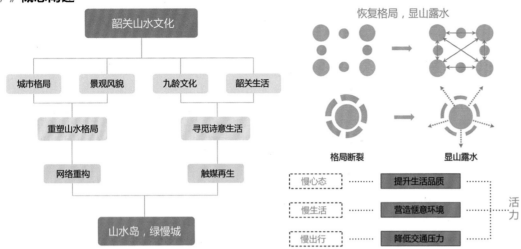

恢复格局，显山露水

韶关山水文化
├ 城市格局 ─ 景观风貌 ─ 九龄文化 ─ 韶关生活
├ 重塑山水格局 ─ 寻觅诗意生活
├ 网络重构 ─ 触媒再生
└ 山水岛，绿慢城

格局断裂 → 显山露水

| 慢心态 ┄┄ 提升生活品质 |
| 慢生活 ┄┄ 营造惬意环境 | 活力
| 慢出行 ┄┄ 降低交通压力 |

》》SWOT分析

区位--珠三角向北发展的桥头堡，红三角城市之一。
景观--岸线资源，景观视廊丰富。
地形--山围水汇，山水资源丰富。
文化--历史文化名城，历史文化资源丰富
交通--韶关交通节点和汇集点，公共交通的枢纽，对外交通便利。

布局乱--"见缝插针"的开发模式，新旧建筑混杂，用地布局散乱。
自然资源利用不足--韶关的山水景观资源没有被充分利用，高层建筑的无序建设封堵重要景观廊道，城市近水而不亲水。
交通堵--东西向跨江交通成为交通瓶颈，停车设施不足，慢行系统建设落后。

一带一路节点城市。
粤北生态屏障--发展绿色生态产业。
中心城扩容提质战略--新老城协调发展，提升城市服务功能，彰显自然山水与历史文化特色。
国家级历史文化名城申请契机。
交通互联互通战略

旧城保护与改造矛盾突出
如何突出韶关的山水文化特色
生态保护技术的可实施性
慢生活系统的构建与城市现代化建设的矛盾

》》方案定位

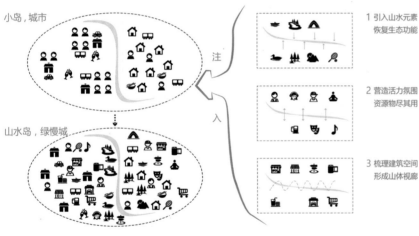

小岛，城市

山水岛，绿慢城

注入

1 引入山水元素恢复生态功能

2 营造活力氛围资源物尽其用

3 梳理建筑空间形成山体视廊

》》研究框架

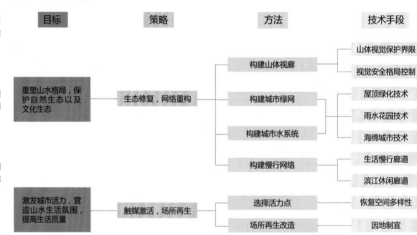

目标	策略	方法	技术手段
重塑山水格局，保护自然生态以及文化生态	生态修复，网络重构	构建山体视廊	山体视觉保护界限 / 视觉安全格局控制
		构建城市绿网	屋顶绿化技术 / 雨水花园技术 / 海绵城市技术
		构建城市水系统	
		构建慢行网络	生活慢行廊道 / 滨江休闲廊道
激发城市活力，营造山水生活氛围，提高生活质量	触媒激活，场所再生	选择活力点	恢复空间多样性
		场所再生改造	因地制宜

》》方案生成

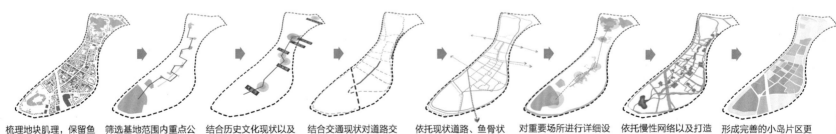

梳理地块肌理，保留鱼骨状街巷空间，对基地内老旧建筑进行改造或拆除

筛选基地范围内重点公共空间，并根据设计策略增添或改造活力公共空间

结合历史文化现状以及韶关市历史文化名城保护规划进行历史文化保护

结合交通现状对道路交通进行规划，解决内部循环交通以及过境交通问题

依托现状道路、鱼骨状街巷以及滨江绿道构建慢行网络

对重要场所进行详细设计，注入活力，触媒激活周边地区

依托慢性网络以及打造的居民院落空间进行水系的设计，引水入城

形成完善的小岛片区更新改造方案后拟定合理的开发时序

规划系统分析
PLAN SYSTEM ANALYSIS

 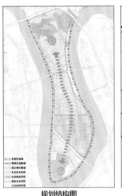  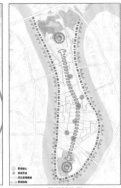 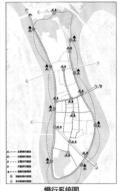

土地利用图

规划结构图

交通系统图

景观结构图

慢行系统图

本次规划没有对小岛片区的用地布局做出大调整，而是在原有用地上梳理地块功能，减少地块高密高强的开发模式，工业用地外迁，增绿地和公共服务设施用地。

本次规划结构突出"一轴、两廊、四片区"，强调对原有山水格局的重塑和老城区慢行活力的新诠释，进一步挖掘小岛片区的独特空间魅力。

新增中山路跨江桥梁 减少内部车流穿行 缓解小岛过境压力；疏通岛内步行巷道，丰富慢行系统；改造武江桥与西堤南路交口，增加滨江活动空间。

片区内南北两端的综合性公园，是片区内绿色活力中心；打造滨江景观带，解决滨江绿化断裂、不连续的问题；以风度路为骨架串联绿地广场。

反思现代城市对人性生活关怀的缺失，本次设计通过慢行系统的建构提升城市生活品质，回归居民享受舒缓节奏的生活空间。

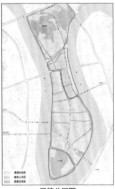    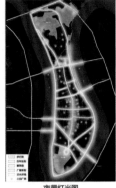

风貌分区图

建筑整治图

项目策划图

开发强度图

夜景灯光图

由于地块历史底蕴、主导功能、发展建设时序的不同，小岛片区内风貌差异较为明显，本次规划将小岛片区内风貌归纳为景观生态、城市人文、历史文化三种特征。

片区内的建筑风貌应按整体协调、逐步改造的策略来控制。同时可通过规范传统民居修缮方式、补助资金等方式鼓励居民自我改造，打造韶关的传统风貌特色。

本次规划策划了居民活动中心设计、风度路步行街更新、传统居民改造、学校市政单位开放等项目，通过构建慢行网络将这些项目串接起来，形成系统。

片区内现状的整体开发强度已经较高，本次规划只对部分地块进行整合改造，瘦身提质。

根据地区的主要要素的空间布局，以及更新方案的重点规划内容，重点对商业步行街、滨水活动岸线地区、生活慢行廊道及特色文保单位的夜景提出指引。

小岛公共空间活力表达
THE EXPRESSION OF PUBLIC SPACE VITALITY OF XIAODAO

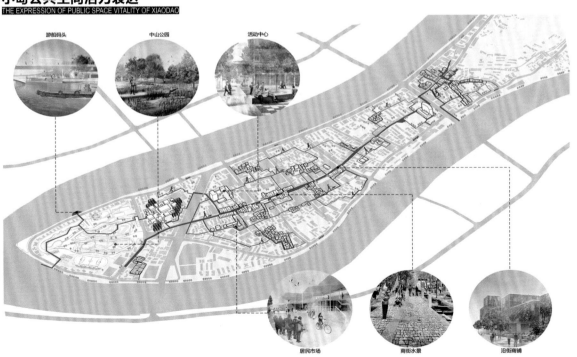

游船码头

中山公园

活动中心

居民市场

商街水景

沿街商铺

生态修复 网络重构
ECOLOGICAL REGENERATION & RECONSTRUCTION OF SYSTEM

》》山体修复

可视性分析

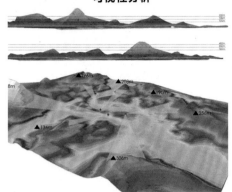

山体安全格局

建筑高度控制

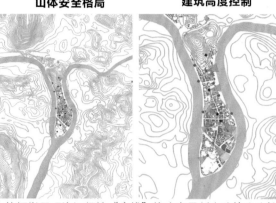

》》水系修复
城市与水的关系

依水而生，但滨水空间却常出现真空状 → 在演进过程中以零散村镇形式与水渗透 → 机械蔓延让水体成为不能产生效能的空间 → 应遵循有机形态，将水体系纳入城市功能

黄岗山高级保护范围：300m以上范围；其他山体高级保护范围：100m以上范围。
黄岗山中级保护范围：350m以上范围；其他山体中级保护范围：150m以上范围。
黄岗山低级保护范围：400m以上范围；其他山体低级保护范围：200m以上范围。

山体视觉景观资源保护"底线"的建立是制定建筑高度控制规划的基础具体规划途径为：
1.确定山体区域的视觉资源保护范围。
2.确定重要的视觉通廊，避免建筑遮挡。
3.综合建立建筑高度控制网：综合山体区域视觉保护与重要视觉通廊对建筑高度的控制的要求建立建筑高度控制网。

主要手段

引入 扩散 水体空间复合开发利用

引水入小岛，建立小水系网络，促进功能融通与交流。
从水体的地理条件和功能环境出发，改变过去对水体采取单一防洪处理的态度，挖掘水系的生态功能，不同场所采取不同的空间开发利用方式，使居民在日常生活中感受水文化，体验亲水活动。

》》绿地修复

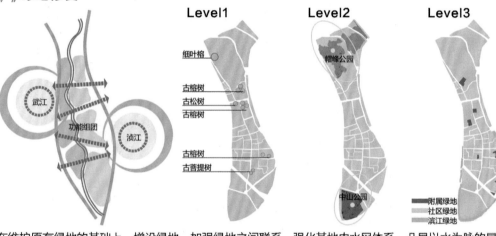

Level1
细叶榕
古榕树
古松树
古榕树
古榕树
古菩提树

Level2
帽峰公园
中山公园

Level3
附属绿地
社区绿地
滨江绿地

源：在浈江引水，将附近的闲置用地形成连续的湿地蓄水、通过植物群落净水，形成水系之源。

流：水系在风度路分流为左中右三股，结合生物滞留设施、雨水湿地、排水沟等形成特色景观。

汇：三股水系在中山公园形成湿地景观，最终汇入中山公园的景观湖，一并流入北江。

在维护原有绿地的基础上，增设绿地，加强绿地之间联系，强化基地内水网体系，凸显以水为脉的景观特征，打造沿江绿地景观带，沿道路构建多条生态景观廊道，构成一个可以流动循环的生态网络系统；形成山、水、城、林交融的生态绿地格局。对绿地系统的修复分为三个层级，第一个层级是对现存名木古树的保护开发；第二层级是对南北两个核心公园的修复改造；第三层级是整合现有点状、块状绿地。

城市雨水循环

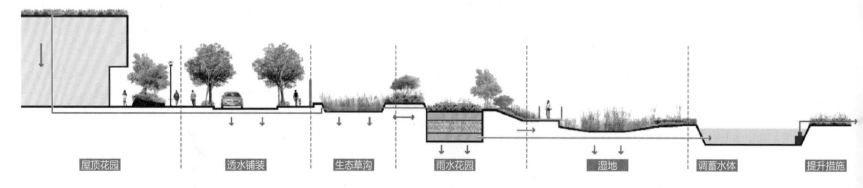

屋顶花园　　透水铺装　　生态草沟　　雨水花园　　湿地　　调蓄水体　　提升措施

》》慢行滨江廊道重构

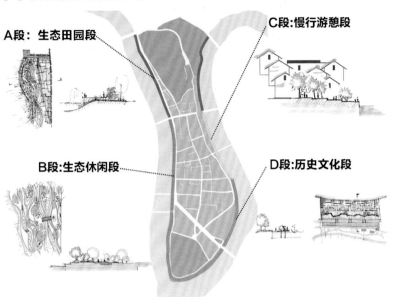

A段：生态田园段

C段：慢行游憩段

B段：生态休闲段

D段：历史文化段

A段：生态田园段

采用芦荻景观带与湿地相结合的设计手段，以恢复期生态效益，运用乡土植物重现田园风光

B段：生态休闲段

将城内水系与滨水空间相结合，步道与溪流、植被与坡地相互穿插变化以呈现"移步换景"的空间体验

C段：慢行游憩段

结合中山公园进行滨水休憩设施的设计，开放的小型游船码头，使公园与滨江空间的联系更为紧密

D段：历史文化段

结合风采楼、百年东街等历史文化片区与滨河商业空间，采用台阶式设计，增强人与水的互动

小岛片区总平面图
SITE-PLAN OF XIAODAO DISTRICT

0　100　200　　400m

① 帽峰山公园
② 韶州师范
③ 广富新街
④ 峰前小学
⑤ 韶关市政府
⑥ 百年东街
⑦ 韶州府学宫
⑧ 风度广场
⑨ 风度路步行街
⑩ 市公安局
⑪ 工人文化宫
⑫ 居民院落
⑬ 菜市场
⑭ 大鉴寺
⑮ 韶关市委
⑯ 活动中心
⑰ 中山公园

》》慢行生活廊道重构

日常步行网络   自行车网络   慢行网络组织   慢行生活廊道示意

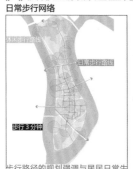 + 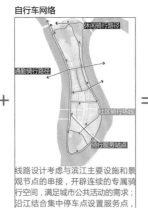 =

步行路径的规划强调与居民日常生活的便捷性，依托商业步行街、主要居民点和重要公共空间的串接，形成移步换景、节奏舒divider的步行感观体验和便利的日常出行体验。

线路设计考虑与滨江主要设施和景观节点的串接，开辟连续的专属骑行空间，满足城市公共活动的需求；沿江结合集中停车点设置服务点，方便换乘，提倡在小岛低碳出行。

反思现代城市对人性生活关怀的缺失，本次设计通过慢行系统的建构提升城市生活品质，回归居民享受舒缓节奏的生活空间。

依托风度路商业步行街与鱼骨状街巷，串接重要场所，构成居民日常慢行廊道，激发片区活力。通过增加基础设施和丰富空间层次等细部小环境处理，为居民提供连续、舒适、便捷的步行环境。

触媒激活 场所再生
ACCELERANT ACTIVATION AND SPACES RENOVATION

》》触媒激活
触媒概念解读

筛选触媒场所   作用形式分类   触媒作用结果

活动服务

历史文化   链条式   缝合式   激发式

城市触媒效应是城市化学连锁反应，某些场所在限定自身形式的同时参与形成了城市系统的链接，激发了城市系统的生长模式。这些场所更像是一种催化剂，通过对于他们的积极引导和改造鼓励从而激发城市形态的生长，促进更多城市活力的形成，实现老城区的再生与复兴

触媒网络构建

步行系统   场所联系   触媒网络

在城市设计中，对于触媒网络的构建应立足于人性的尺度。
因此对韶关小岛片区触媒网络地构建，是在片区原有肌理基础上，对场所地再生设计，通过步行系统或场所之间的相互联系，形成完善的触媒网络。

》》触媒介质挖掘

基督教堂   风度商场

传统院落   商业骑楼

中山市场   大鉴寺

中山公园

● 现状活力点
● 现状待开发

》》场所再生
场所活力评价

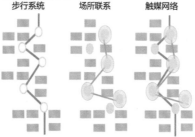

历史文化场所   生活服务场所   公共活动场所

情感要素：尺度宜人性 / 空间归属感 / 历史延续性

行为要素：活动多样性 / 活动参与性 / 使用混合度

物质要素：道路通达性 / 环境质量 / 公共设施

传统院落 / 历史遗迹 / 商业片区 / 综合市场 / 市政机关 / 公园 / 广场

场所活力更新

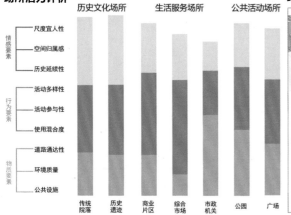

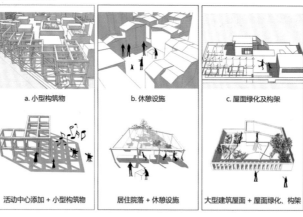

a. 小型构筑物   b. 休憩设施   c. 屋面绿化及构架

活动中心添加 + 小型构筑物   居住院落 + 休憩设施   大型建筑屋面 + 屋面绿化、构架

天际线轮廓控制

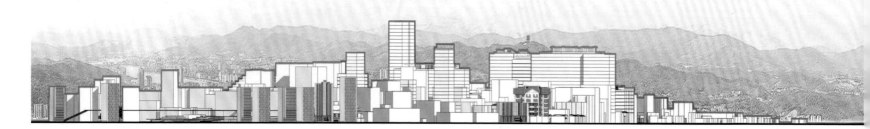

》》活动流线策划

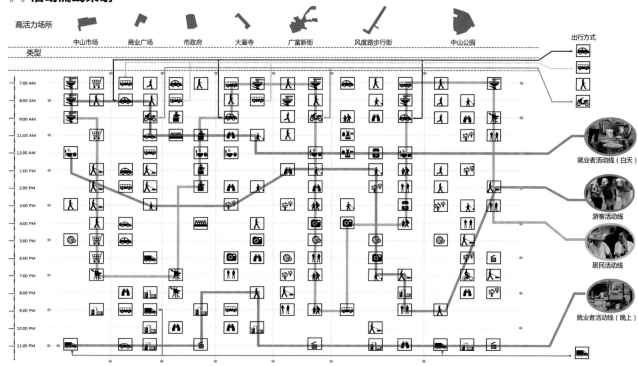

三江口总平面图

1.居民院落A
2.风度广场
3.韶关市公安局
4.风度路步行街
5.居民院落B
6.工人文化宫
7.大鉴寺
8.生态驳岸
9.市民活动中心
10.中山公园
11.码头

远眺三江零零零零
俯瞰崖台不见缘
风度狂歌合参差
客君念念心自觉
新湖逐浪惹陈迹
旧径达逾甄彩裙
老巷深深睐古今
韶城老事似云烟

46

更新前

更新后

三江口片区鸟瞰
BIRD'S EYE VIEW OF SANJIANGKOU

元素提取

风洞
店铺商号
山花饰纹
立柱装饰
立面山墙

山花结构

柱式窗台   方柱

立柱平台   凸出窗台   立柱广告

圆顶简窗   牌匾

老字號

老字號

》》风度路步行街更新

更新策略：
1.根据街道长度与人步行距离的心理感受，在风度路步行街增加开放街道家具，创造多样的体验。
2.保证步行街界面的连续性，对街道立面进行规划，并对骑楼进行修缮改造。
3.改善步行街的景观环境，丰富步行街的空间感受。

设计要素

功能混合

景观多维

活动多样

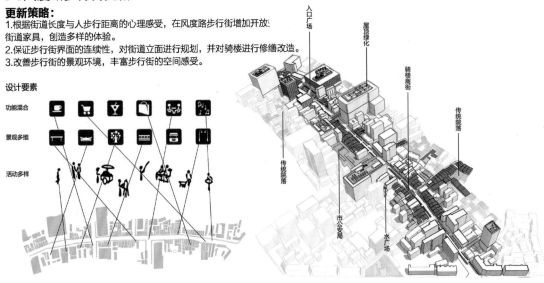

入口广场
屋顶绿化
骑楼商街
传统院落
传统院落
市公安局
水广场

使用功能划分

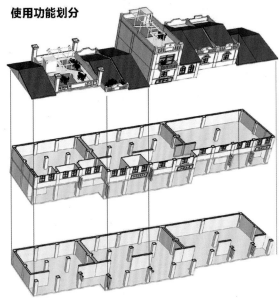

屋顶层：
屋顶花园平台可用作私人或商业休憩休闲场所

贰层：
将空间进行划分可用作居住及仓储的空间

壹层：
主要为零售商业功能使用牌匾、立柱广告烘托商业氛围

改造原则
1.保留原有的骑楼框架结构
2.对立面进行统一规划改造
3.提取骑楼传统元素作为设计符号
4.尊重原有的使用功能，并结合实际进行一定调整
5.保证商业氛围与历史氛围的融合

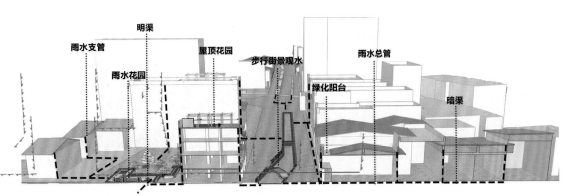

明渠
雨水支管
屋顶花园
雨水花园
步行街景观水
绿化阳台
雨水总管
暗渠

重要节点更新
RENOVATION OF IMPORTANT NODES

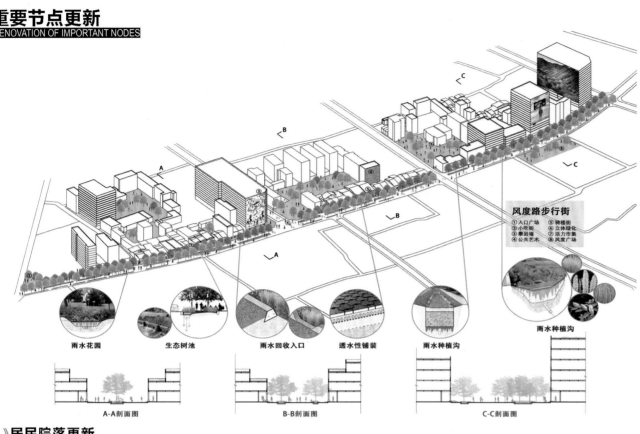

风度路步行街
①入口广场　⑤骑楼街
②小吃街　　⑥立体绿化
③攀岩墙　　⑦活力市集
④公共艺术　⑧风度广场

雨水花园　　生态树池　　雨水回收入口　　透水性铺装　　雨水种植沟　　雨水种植沟

A-A剖面图　　　　　　　B-B剖面图　　　　　　　C-C剖面图

》居民院落更新

完落体块现状

居民在自建协调过程中，形成了院落街巷也占据了部分空间，导致道路不通畅，卫生较差，缺乏公共空间与设施的现象。

疏通巷道

打开街巷，增强可达性与扩大居民交往空间。

拆除　结构性改造

创造开敞空间

拆除　重建

梳理院落

在高密度地块采取拆除与改造的方式，以保证通风与采光。

拆　拆

拆除　违建改造

增加设施

提供卫生，照明，座椅等小品设施以满足日常生活的需求。

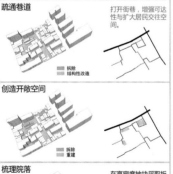

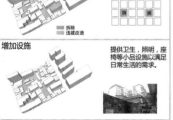

更新后院落体块

街巷结构

主街　主巷　支巷

院落体系

前院　入口空间
后院　邻里交往空间
内院　生活空间

屋顶系统

平屋顶　坡屋顶

小品设施

垃圾桶　路灯　绿植
座椅　水井　晾衣架

拆改示意

拆除改建

更新后院落示意

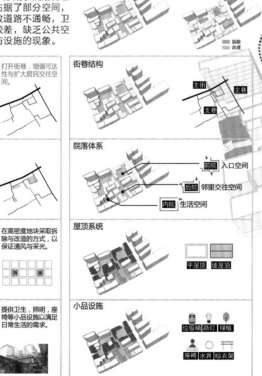

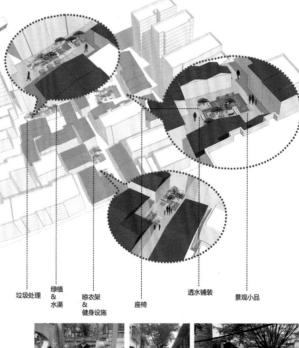

垃圾处理　绿植&水渠　晾衣架&健身设施　座椅　透水铺装　景观小品

》风度路景观改造

井渠： 老韶关的居民生活中井与渠是人民生活的保障，一口万年井滋养了一代代的韶关人，入口处取井渠为设计元素进行景观设计改造

池石： 三江六岸、一城九点，山石与河流韶关的魂脉所在，风度路中段景观以池与石为象征来进行景观改造

桥栏： 韶关因水系发达自古多桥，故又称桥城，在风度路水广场部分景观设计取桥作为设计元素进行设计改造

》居民院落屋顶绿化

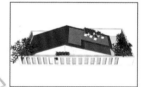

培植式屋顶农业： 适用于基地内坡屋顶形式且质量厚度较好的传统民居

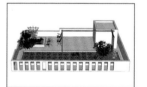

畦垄式屋顶农业： 适用于基地内现代风格居民建筑，且建筑质量较好

草坪式屋顶花园： 适用于基地内改造的具有传统民居元素的现代居住建筑

场所再生
Space Renovation
》》半开放空间

政策引导运作过程

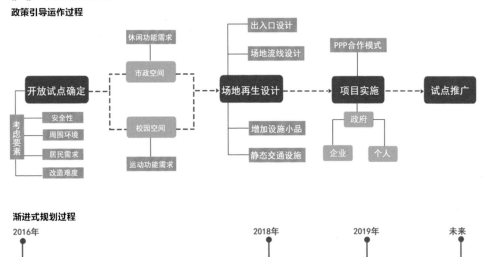

规划师参与流程图

半开放空间定义:具有一定的开放性,由于其功能及使用情况等,使开放度在一定时间、范围内有所限制。
在城市老城区中空间拥挤、缺乏活动场地的现象十分普遍,经调研发现市政、学校等场所的景观质量较高,休闲运动设施较完善,在小岛片区的设计中我们希望通过挖掘此类场地的公共开放的可实施度及方法,作为老城的更新设计的一种尝试。
前期规划师对场地进行分析对选定开放场所进行规划,进行场所微设计,其改造过程由政府与企业"ppp合作"完成。

渐进式规划过程

2016年　　　　　2018年　　　　　2019年　　　　　未来

相应政策研究:

1.开放时间应不影响原有的使用功能,故采取夜间开放,开放时间限定为19:30—22:30

2.为保证安全有序使用,进入开放场所需出示相关证件

3.开放场所不应向公众收取额外费用,提供App合作企业或个人一定优惠政策与场地内商业授权

具体操作过程（以片区内小学为例）

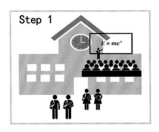

7:30—18:30作为正常教学功能使用

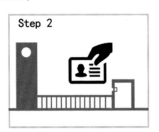

19:30—22:30需要刷身份证方可进入活动保证安全性

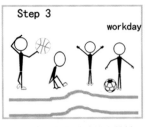

在校园内可利用学校体育器材进行各类体育活动

周末可利用该场地进行露天电影放映等社区活动

具体引导实施过程

1

规划师实地调查并听取居民意见

2

综合考虑选取合适场地作为试点

3

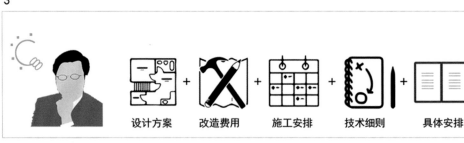

设计方案　改造费用　施工安排　技术细则　具体安排

规划师根据场地特性进行方案设计

4

公布项目采用ppp模式寻求政府与社会资本的合作

5

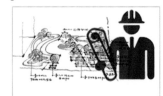

展开具体施工直至场地再生改造完成

6

向公众开放运营并逐步在其他地区推广

老城区的存量空间具有无限的挖掘可能,如果仅仅采用拆除、重建等暴力手段丢失了城市原有的温暖通过"微针灸""点刺法"对场地进行再生设计,使老地方焕发新活力

重要节点更新
RENOVATION OF IMPORTANT NODES
》》闲置用地更新

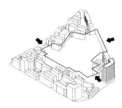   

更新思路

1.梳理周边建筑，与周围建筑形式有机结合，通过廊道串联起活动中心与中山公园，形成连贯统一的活动游览线路
2.植入多元功能，通过空间整合设计，为小岛片区居民提供丰富的文体活动空间
3.活动中心入口处由廊架形成灰空间，与道路及周围建筑有机结合
4.一层为架空活动广场，植入创意集市、展览等功能，通过植物搭配和景观设施营造舒适局部小环境
5.屋顶采用屋顶绿化和活动场所结合的方式，为提供更多活动场所居民

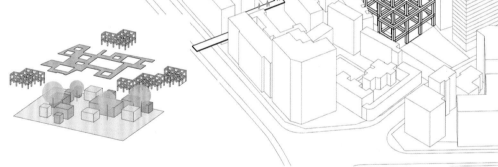

功能示意

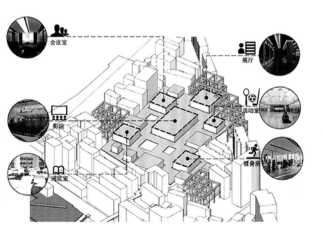

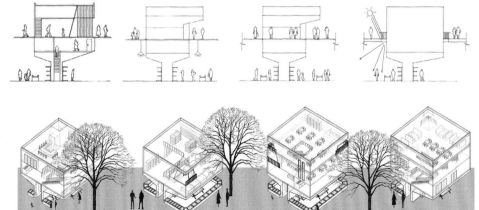

》》中山公园更新

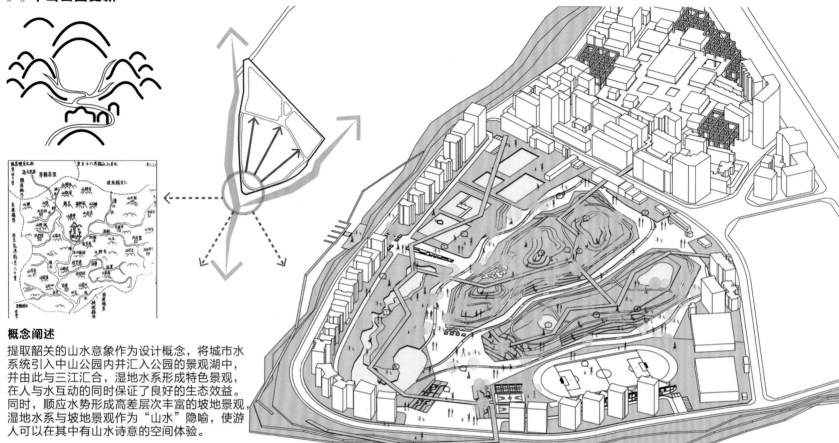

概念阐述

提取韶关的山水意象作为设计概念，将城市水系统引入中山公园内并汇入公园的景观湖中，并由此与三江汇合，湿地水系形成特色景观，在人与水互动的同时保证了良好的生态效益。同时，顺应水势形成高差层次丰富的坡地景观，湿地水系与坡地景观作为"山水"隐喻，使游人可以在其中有山水诗意的空间体验。

中山公园总平面图

入口广场　滨水木平台　生态小湿地
北伐展览馆　滨水小茶室　阶梯活动区
游泳池　滨江绿岛　生态景观池
儿童游水区　中山广场　坡地景观
儿童游乐区　体育活动区　架空木廊道
水广场　足球场　游憩小品
游船码头　阶梯活动区

方案生成

现有绿地及水系

拆除部分建筑，增设环园路，码头，广场，廊道以加强与周边地块的联系

整合现有绿地，以城市水系中的三条湿地水系顺势而下汇聚于人工湖为主要骨架

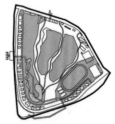

将水系划分的四块场地顺势形成坡地景观

在自行车廊道的基础上丰富二层廊道系统

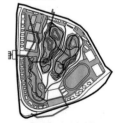

叠山理水，丰富坡地景观的高低层次

功能分区

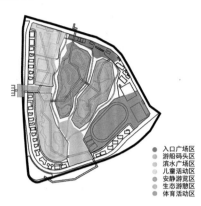

- 入口广场区
- 游船码头区
- 滨水广场区
- 儿童活动区
- 安静游览区
- 生态游憩区
- 体育活动区

交通流线

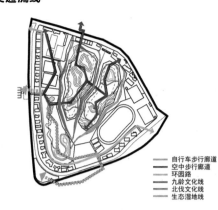

- 自行车步行廊道
- 空中步行廊道
- 环园路
- 九龄文化线
- 北伐文化线
- 生态湿地线

节点示意

湿地水系节点
在公园沿道路形成湿地水系,通过水生植物群落的种植丰富水系的景观效果和生态效益。

儿童戏水池节点
通过在水池中设置树池与亲水木栈道,使人与水的互动更加多样化,与水的关系更加亲密。

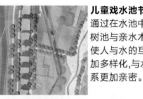

畅想韶园……

小磊在韶关长大,
他听着这里的过去,
又向往着外面的生活……

小磊的妈妈在步行街上经营一家小店,日子不温不火。

知道啦!哎,妈你就放心了,你都说了多少遍了。我也好想出去上学。

好好学习呀!争取啊以后去大城市上学,还有路上一定注意安全啊。

步行街

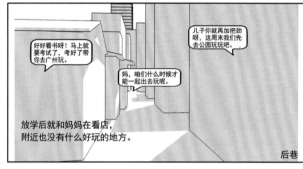

好好看书呀!马上就要考试了,考好了带你去广州玩。

儿子你就再加把劲呀,这周末我们先去公园玩吧。

妈,咱们什么时候才能一起出去玩呢。

放学后就和妈妈看店,附近也没有什么好玩的地方。

后巷

爸妈,我出发啦!

一个人要多注意啊!在那边好好表现,争取留下来工作!

儿子,常打电话呀!

小磊考上了大学……

之后的十年小磊很少再回韶关
偶尔会把父母接过来玩。

爸,你和妈多来玩吧。我在这边稳定了,这边组织活动也多,公园也多。

哎呀,好麻烦呀!你那边的房子住得下四个人么。咱家现在变化挺大的,我在这舒心,你甭操心了。

家里的变化好大呀!步行街一点也不比大城市差了。也难怪爸妈啊不愿意出去了。

王姐,你家儿子回来啦!都不认识啦,变化真大呀。小磊啊,你也快不认识咱这了呀。常回来啊。

李婶,帮我看下店啊。儿子,你可算回来啦,来,妈下午带你转转咱这。

小磊回到了自己的家乡

步行街

老邻居们还住在这个街坊,这里变化很大,但却回家的路还是那条。

居民后院

居民前院

活动中心

爸妈,我觉得咱这比大城市都要好了,我这次呀在这多陪你们几天吧。

好呀!咱这改造后啊,环境也变好了,连你们这些年轻人也愿意回来了。

步行街

结语

城市的主要功能是提供公共服务,我们希望旧城更新是一个由表及里的社会系统更新,是对现有物质的充分利用,是对生活诉求的尊重,是对场所精神的复原。山水小岛,绿色慢城,本质上是踏实健康的生活。居民们有菜园,有院子;步行街上有绿地,水景,座椅;小岛上看得见山,望得见水,找得到归属。

邓卓贤　城市规划

　　原来毕设可以这么乐在其中，让我可以在大学的最后圆满，笑中有泪。虽然这是一个竞赛，虽然各校之间有比较，但在过程中，我们收获更多的是——同甘共苦，一起成长的友谊。尤其在昆工两周的集中营里，我们拉近了彼此的关系。

　　在相互交流、碰撞中，我意识到原来规划——可以这么地有趣；原来内容可以这么丰富——艺术品、模型、视频；当中的欢笑，当中的辛酸，只有我们知道。

　　毕业设计转眼就结束了，在怀着不舍的心，回顾起一路走来的点滴。我认为这次联合毕设，已经成为大学五年以来印象最为深刻的一个记忆。在里面，不仅有泪水、汗水，还有来自五湖四海——交大、南大、昆工大、哈工大、厦大的朋友的热情与友谊。

　　希望今后，自己不仅能够在专业领域努力成长，而且能够多参加这类的交流活动，增长见识。

何月婵　城市规划

　　视频、小品、艺术品，第一次听说还可以这样做设计。

　　带着这种疑惑，在一次次的访谈、拍摄、记录中，我们开始学着用心去感受一座城市。开始明白城市的魅力，不止于景点地标，或许在街角树荫看老人乘凉，或许在熙熙攘攘的市场听讨价还价，或许是一个亲切的眼神，一句关爱的问候，甚至观察一砖一木也能听到关于这座城市的故事……感激毕设带给我们新的视野。

　　广州、韶关、昆明、成都，第一次听说拿个毕业证需要跑那么多地方。带着这种兴奋，我们认识到西交大、厦大、南大、哈工大、昆工大的小伙伴，看到了不同、看到了差距，也了解到能力可以提高的地方还有很多很多，感谢毕设带给我们新的眼界。

　　"改稿到变形、修图到白眼、想方案到扭曲、找灵感到失血"的日子画上句号，但尽责的老师、勤奋的队友会始终烙刻心中。因为，有你们我的线条才能始终带着微笑。

广州大学
Guangzhou University

吴承宇　城市规划

　　很喜欢一句话："人呐是不是就都不知道，自己的命运不可预料。"一个设定好的程序会按照他既定的路线一直走下去，而人则永远无法在时间的长河里看到那些将发生在自己身上的事情。身边很多的朋友，在毕业之时多是怨声载道，为了搞定繁琐的毕业论文而殚精竭虑。当时担心的自己想来是肯定不会知道，能够参与到这样一次的毕业设计之中。除了对自己数年所学切实来了一次检验之外，对于我来说更难能宝贵的是能因为这次机缘认识这么多朋友。相处时间虽短，但分别之时却发现互相之间已是无话不谈。所有准备好的告别其实都根本无法准备好，今后我们将天各一方，但终将有这样一份美好的记忆存于我们的青春年少。

陈敏仪　城市规划

从一开始的摸着石头过河，到现在，大学五年的最后一个设计就要结束了。时间过得很快，这个过程中有过累，有过压力，但更多的是收获与惊喜。

很幸运能参加六校联合毕设，有骆老师的指导，有新同学的加入，有不同性格的同学一起合作，一起解决难题。回忆起来，满满都是欢乐。现在，我们得到了一个比较满意的成果，虽然还有很多需要完善的地方，但我们都在这次竞赛中得到了不少的提升。

在昆明理工大学的两个星期里，不同省份不同学校的同学住在一起，做方案也一起，还有小品、模型，大家相互的交流，思维的碰撞，才智的比拼，我得到了更多的启发。他们的热情，气度，严谨，细腻与思维的开阔无不令我印象深刻。

最后，感谢一直为我们提供帮助和指导的老师和领导，在方案及成果中给予我们的点评和鼓励。这次竞赛我受益匪浅。

张烨琳　风景园林

四年来大多数设计都由自己独立完成，或是和同为景观专业的学生组队，初次与城市规划专业的学生进行合作，觉得非常新鲜。理解专业用语，阅读相关理论，择写设计策略，我在这几个月的时间里感觉自己和规划渐渐靠近了一点。跨过"规划"这个词汇，就拿设计来谈：由于这是一次竞赛，有别于从前的束缚，我在设想是更大胆些；由于这是毕业设计，我考虑设计内容跟周全些，更严谨些。

感谢老师对我的指导和帮助，感谢队友对我耐心和信任。

杨健　风景园林

从误打误撞的进了联合毕设的大组织，开始对规划学的陌生、不适从，到后来渐渐找到感觉并且跟组员和其他学校的学生熟络起来，任务繁重喊累但是大家都这么挺过来了，曾经我觉得很多是不可能做到的事情都被我们一一做到了。这个毕设比我预期的收获要大得多。

我们曾穿梭在韶关小岛的大街小巷，体验当地居民的生活，我们录制视频，拍出我们对韶关的第一印象。我们曾往返于昆工大的教学楼跟宿舍，跟六校的同学互相学习交流，结下深厚的友谊。我们曾用小品的形式，每个人分饰不同的角色来展现一个发生在韶关的故事。我们曾用自己在韶关收集回来的物品完成了一个艺术品，等等。

虽然完成了毕业设计，但是设计的路才刚刚开始，自己还有很多不足的地方，这里要感谢组员们一直以来对我的帮助和照顾。还有老师的悉心指导。

陶东燊 城市规划

近半年来的毕设历程，让我感触最深的是来自大江南北的各组同学，他们性格各异，规划方法亦各领风骚，独居一格，犹如华南的靓汤与西南的火锅，各有各讲究的地方。而正是这种差异，使竞争有了广度，交流有了空间，亦使本次六校联合会毕业设计成了一道丰盛的佳肴。

张卓浩 建筑学（环境设计）

在短短三个月的时间里，六所高校五十多名学生，还有十多名指导老师以及省规划院的多位专家共同参与了这次六校联合毕业设计。我有机会能参与到联合毕业设计中，不仅能够展现四年的学习成果，同时也能开拓视野和丰富知识。与其他五所学校的交流、合作和竞争中，使我们不再是闭门造车，更重要的是可以认识到不同学校不同专业的同学。正如漆平老师所说，我们的毕业设计应该是有趣的和多样的，结果对于我们来说并不重要，重要的是我们在此过程中能得到什么，而我们得到的这一切将会是我们所珍惜和难忘的。当我们回首过去，我们将为此感到荣幸和骄傲。

陈子健 建筑学（环境设计）

很荣幸能够有机会参加这次的六校联合毕业设计，在过去的三个月里，我学习到了很多规划专业的知识，这为我以后的职业道路拓宽了视野。老师和同学们在这次联合毕设过程中认真严谨，开拓创新，是我要学习的榜样。最后，我认为成绩怎么样不是重要的，重要的是能学习到知识，还有收获到一份珍贵的友谊。从广大站到昆工站再到西交大站，各校的同学都认真负责，热心解答外地同学到当地的问题，最后还能打成一片儿一起玩，真的非常棒！谢谢昆工、西交大、南昌大、厦大还有哈工的同学！有空来广州喝茶

彭科衔 城市规划

大学终站，误打误撞上了六校联合这趟车，从一开始的不知所以然，到中途的吐槽抱怨，到最后的不舍与感念，个中滋味，说不清也道不尽。感触最深的，怕是春城工作坊那半月了，充实多彩，一群怀才又有爱的小伙伴，在各位老师的悉心指导下，成果逐日完善，感情更是日渐深厚。回看这一程，时间太短，太多来不及，只能化一句感恩这一路有你们相伴。

陈泽航 城市规划

很荣幸参与到了六校联合毕业设计，作为大学期间最后一个设计，要结束了。过程是如此快乐，结束不免感伤。在这段日子里，在与其他五所学校的师生交流中，我获益良多，也充分了解到自己的不足。感谢各位老师和领导们的指导，特别是省院的领导们，在每站的比赛中为我们的方案都给予点评与建议，使我受益匪浅；也感谢同学和朋友们的支持和陪伴，在整个过程中我们相互帮助、相互促进，取长补短，都得到了进步。最后，感谢六校联合毕设为我大学生活画下圆满的句号。

林映霞 城市规划

首先要感谢漆老师给我们带来一次这么丰富的毕业设计体验以及对我们悉心的指导。让我们Bee格组成为了共同拥有一段难忘回忆的好朋友。这次毕业设计或许不能完整地对大学五年以来所学作一个全面的总结和反映，但是我们做了另一种新的尝试。拿着自己的设计成果，感觉像孩子一样亲近，早已不在乎它脸上的斑点和瑕疵，尽管我很清楚这只是一本毕业设计，还需要很多成熟的考虑。至此，联合毕业设计走过了4个城市，活动已经结束，但分享还在继续。

广东省韶关市小岛片区城市设计

指导老师：骆尔提

作者：邓卓贤、何月婵、陈敏仪、吴承宇、杨健、张烨琳

「趣城」

綠色社區 街头文化

SENSES 官活力 广富新街

感温 暖 warm city

邻 滨 小岛 城墙

温 水 风度 路 serving the people

活力 为人民服务

慢行系统

三江口整体鸟瞰图

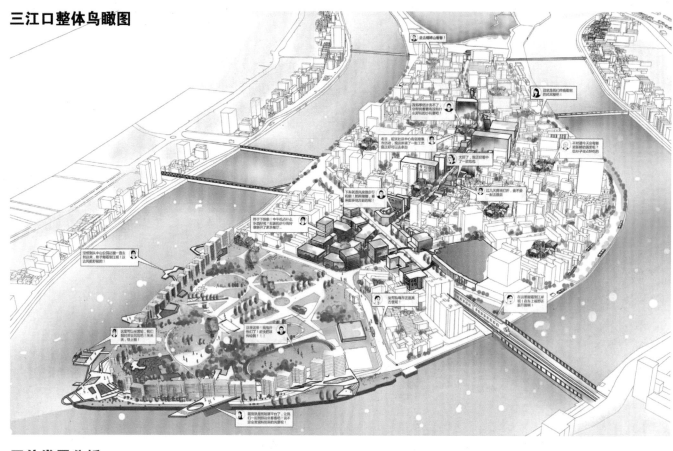

区位发展分析

宏观区位

中观区位 微观区位

现状

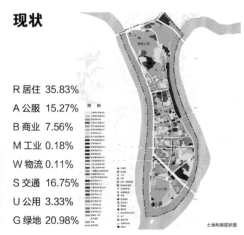

R 居住 35.83%

A 公服 15.27%

B 商业 7.56%

M 工业 0.18%

W 物流 0.11%

S 交通 16.75%

U 公用 3.33%

G 绿地 20.98%

土地利用现状图

建设价值评价

ISSUE MAPS	评价分级 SUITABILITY	分析权重 WEIGHT	建筑价值综合评价 COMPREHENSIVE EVALUATION
建筑风貌	文物建筑： 5分 传统风貌建筑： 4分 与传统风貌协调建筑： 1分 与传统风貌不协调建筑： 0分	45%	
建筑年代	明清时期建筑： 5分 民国时期建筑： 4分 70-90年代建筑： 3分 90年代之后建筑： 2分	10%	
建筑质量	优良：不影响规划，可保留 5分 一般：具有一定价值，可改造 3分 较差：影响规划，易拆除 1分	25%	
建筑结构	钢筋混凝土 5分 砖混结构建筑 4分 砖木结构建筑 3分	20%	

小岛鸟瞰

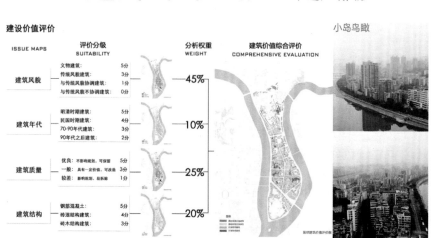

58

规划理论及策略

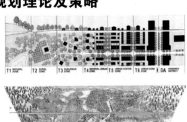

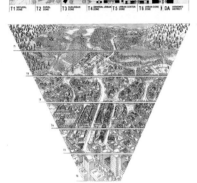

T1 NATURAL ZONE　T2 RURAL ZONE　T3 SUBURBAN ZONE　T4 GENERAL URBAN ZONE　T5 URBAN CENTER ZONE　T6 URBAN CORE ZONE　DA ASSIGNED DISTRICT

原理观点提取　　　　本底条件　　　　原理导引

人情味社区
增加社区居民间的交流，回归传统习惯性的邻里关系，营造有人情味的城市。

健康型生活
道路与社区有机联系，通过"五分钟"步行规划，做成有益于所有居民，营造健康型城市。

归属感城市
继承传统与记忆脉络，复兴传统开发，营造有归属感的城市。

共享型空间
激发城市的活力点，为居民提供交流空间，营造富有趣味的城市。

混合型社区
传统街区
小街区密路网
绿色慢行
古城底蕴
民国风采
滨水形象
街道
活力点
创意空间
公园广场
滨水空间

公共交通导向模式　1
PUBLIC TRANSPORTATION

小尺度街区　2
HYBRIDIZE

城市=公共空间　3
SPACE

文化标志：城&水　4
IDENTITY

走取城
行走　获得

自由慢行空间
小岛"古城"营造慢行社区，优化步行环境，将机动车压力疏解到外围道路，同时引入轨道交通加强南北联系。

五分钟社区
以五分钟步行距离尺度安排社区公共配套，公交站点、公共空间等，通过细密组团划分增加交通渗透性，促进社区公共资源网络化共享。

趣味空间
通过对公共空间进行趣味性设计，增强社区活力同时培养邻里社区的认同感。

古城风韵
通过景观塑造、空间改造的手法恢复"古城"形象，重现"旧城"风貌。继承和弘扬传统文化，并注入新的活力。

滨水形象
滨水休闲、滨水商业、滨水文化、滨水生活四合一塑造滨江岸线，将城市新兴功能和自然环境结合，展现城市风貌。

总体定位

生态宜居

健康持续

小岛味道

魅力休闲

保护自然生态与历史文化格局，疏解居住人口，提升城市功能，改善用地布局与城市环境
打造以商业服务、公共服务功能为主，文化弘扬、环境优美、商业繁荣有人情味的老城中心

策略叠加　　规划结构

分钟社区
由慢行
味空间
城风韵
水形象
状地形

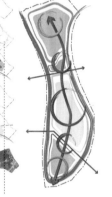

总体规划

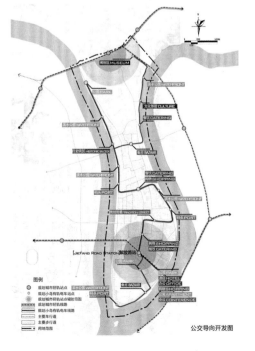

公交导向开发图

自由慢行策略

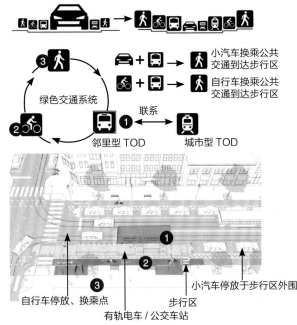

小汽车换乘公共交通到达步行区

自行车换乘公共交通到达步行区

绿色交通系统

联系

邻里型 TOD　城市型 TOD

① 自行车停放、换乘点

② 有轨电车 / 公交车站

③ 步行区

小汽车停放于步行区外围

五分钟社区策略

 空间问题
公共空间严重缺失
居住环境较差

 道路问题
传统步行系统受损
人车混行潜在安全隐患

 社会问题
传统记忆氛围衰落
缺乏社区认同感

　　社区街道提供了一个重要的社会功能，是公共领域的动脉，连接了社区的各个部分，应该被设计成令人愉悦的区域。
　　有活力的步行空间将会扩充社区居民的交往活动，提升社区居民幸福感。以五分钟步行距离尺度安排社区公共配套、公交站点、公共空间等，并通过细密组团划分增加交通渗透性，使得居民可以方便地到达社区中心。促进社区的公共资源网络化共享，并培养邻里社区的认同感。

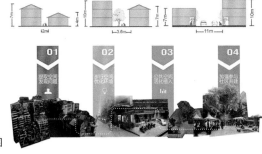

趣味空间策略

古城风韵策略

清晰街巷结构

保留恢复历史建筑外墙体

改造路边停车位成为街头休闲空间

恢复城门

用植物、建筑以及道路营造、标识城墙

道路结合城墙营造公共空间

滨水形象策略

利用地形打造成郊野公园，增加市民对山体和郊外的体验，使得儿童能够体验回归自然的乐趣。并设立登高日，鼓励市民多参与健身活动。

承担过境交通的桥梁与小岛的连接处是小岛的门户，利用景观构筑物或雕塑小品打造成小岛门户的标志物。

曲江园是一个小型的滨水纪念公园；保留原来的园建设施，增加亲水空间

百年东街为新建的滨江商业步行街，界面较舒适，景观良好，不需要进行改造。

通过打造滨海观景道、增设观景平台，形成连续的沿江绿轴，创造休闲的旅游观光路线。组织迷你马拉松比赛，鼓励市民参加体育运动。

适当降低堤坝高度，营造滨水亲水空间

通过绿色平台将水的元素与中山公园融合为一个整体。

保持原有基本格局，重新规划公园道路，使之成环形路并与二层平台连接；增加公园与滨水空间的连通度，增加公园出入口；增加休闲健身设施，加入感官主题区域。

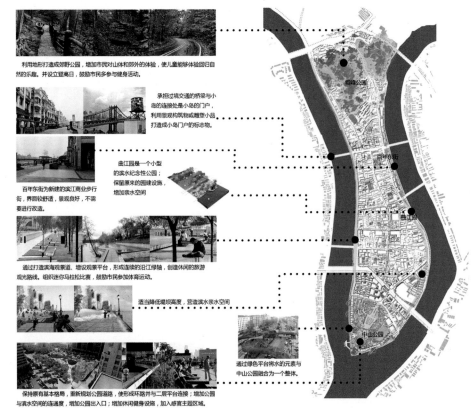

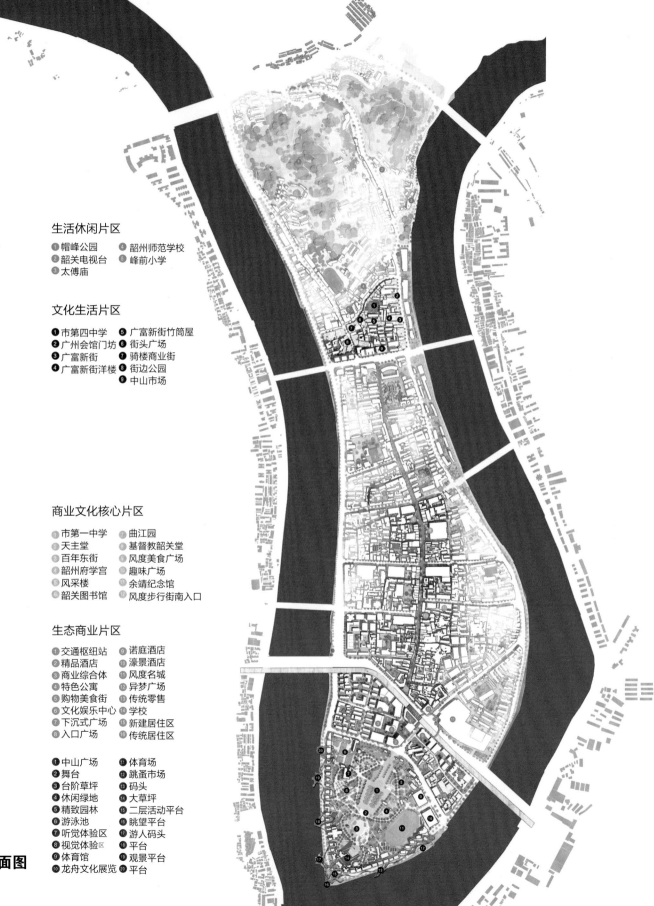

生活休闲片区

① 帽峰公园　　④ 韶州师范学校
② 韶关电视台　⑤ 峰前小学
③ 太傅庙

文化生活片区

① 市第四中学　　⑤ 广富新街竹筒屋
② 广州会馆门坊　⑥ 街头广场
③ 广富新街　　　⑦ 骑楼商业街
④ 广富新街洋楼　⑧ 街边公园
　　　　　　　　⑨ 中山市场

商业文化核心片区

① 市第一中学　　⑦ 曲江园
② 天主堂　　　　⑧ 基督教韶关堂
③ 百年东街　　　⑨ 风度美食广场
④ 韶州府学宫　　⑩ 趣味广场
⑤ 风采楼　　　　⑪ 余靖纪念馆
⑥ 韶关图书馆　　⑫ 风度步行街南入口

生态商业片区

① 交通枢纽站　　⑨ 诺庭酒店
② 精品酒店　　　⑩ 濠景酒店
③ 商业综合体　　⑪ 风度名城
④ 特色公寓　　　⑫ 异梦广场
⑤ 购物美食街　　⑬ 传统零售
⑥ 文化娱乐中心　⑭ 学校
⑦ 下沉式广场　　⑮ 新建居住区
⑧ 入口广场　　　⑯ 传统居住区

① 中山广场　　　⑪ 体育场
② 舞台　　　　　⑫ 跳蚤市场
③ 台阶草坪　　　⑬ 码头
④ 休闲绿地　　　⑭ 大草坪
⑤ 精致园林　　　⑮ 二层活动平台
⑥ 游泳池　　　　⑯ 眺望平台
⑦ 听觉体验区　　⑰ 游人码头
⑧ 视觉体验区　　⑱ 平台
⑨ 体育馆　　　　⑲ 观景平台
⑩ 龙舟文化展览　⑳ 平台

总平面图

自由慢行 – 特色公交系统

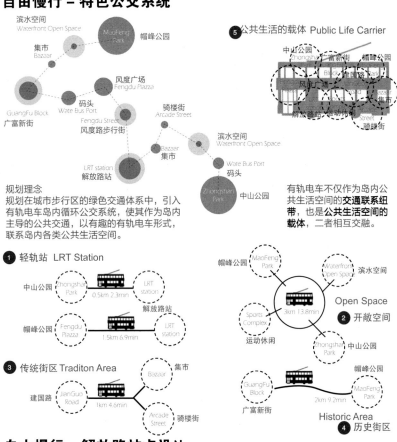

规划理念

规划在城市步行区的绿色交通体系中,引入有轨电车岛内循环公交系统,使其作为岛内主导的公共交通,以有趣的有轨电车形式,联系岛内各类公共生活空间。

① 轻轨站 LRT Station

③ 传统街区 Traditon Area

⑤ 公共生活的载体 Public Life Carrier

有轨电车不仅作为岛内公共生活空间的**交通联系纽带**,也是**公共生活空间的载体**,二者相互交融。

② 开敞空间 Open Space

④ 历史街区 Historic Area

自由慢行 – 轨道线路及断面类型

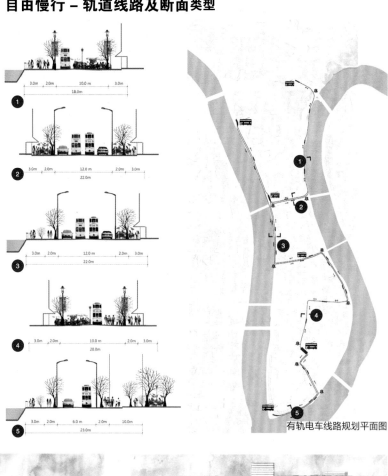

有轨电车线路规划平面图

自由慢行 – 解放路站点设计

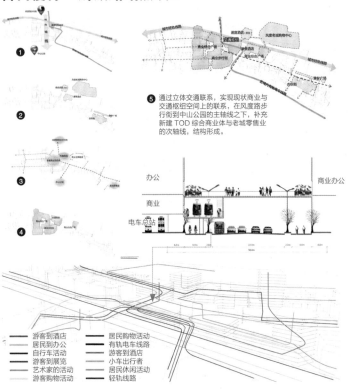

⑤ 通过立体交通联系,实现现状商业与交通枢纽空间上的联系,在风度步行街与中山公园的主轴线之下,补充新建 TOD 综合商业体与老城零售业的次轴线,结构形成。

办公
商业办公
商业
电车总站

游客到酒店
居民到办公
自行车活动
游客到展览
艺术家的活动
游客购物活动
居民购物活动
有轨电车线路
游客到酒店
小车出行者
居民休闲活动
轻轨线路

商业对外开放空间示意

交通枢纽站点效果示意 1

交通枢纽站点效果示意 2

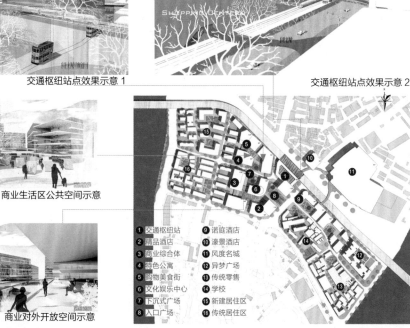

商业生活区公共空间示意

① 交通枢纽站　⑨ 诺庭酒店
② 精品酒店　　⑩ 濠景酒店
③ 商业综合体　⑪ 风度名城
④ 特色公寓　　⑫ 异梦广场
⑤ 购物美食街　⑬ 传统零售
⑥ 文化娱乐中心　⑭ 学校
⑦ 下沉式广场　⑮ 新建居住区
⑧ 入口广场　　⑯ 传统居住区

自由慢行 – 站点设计

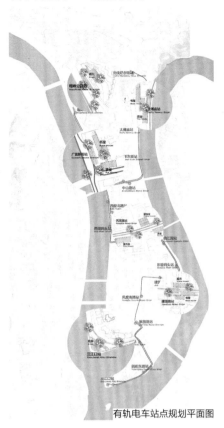

有轨电车站点规划平面图

滨江散步道
生活型有轨电车
旅游观光型有轨电车
百年东街商业

帽峰公园
与轨道互动的居民
旅游观光型有轨电车

自行车道
生活型有轨电车
公共生活散步道
中山公园

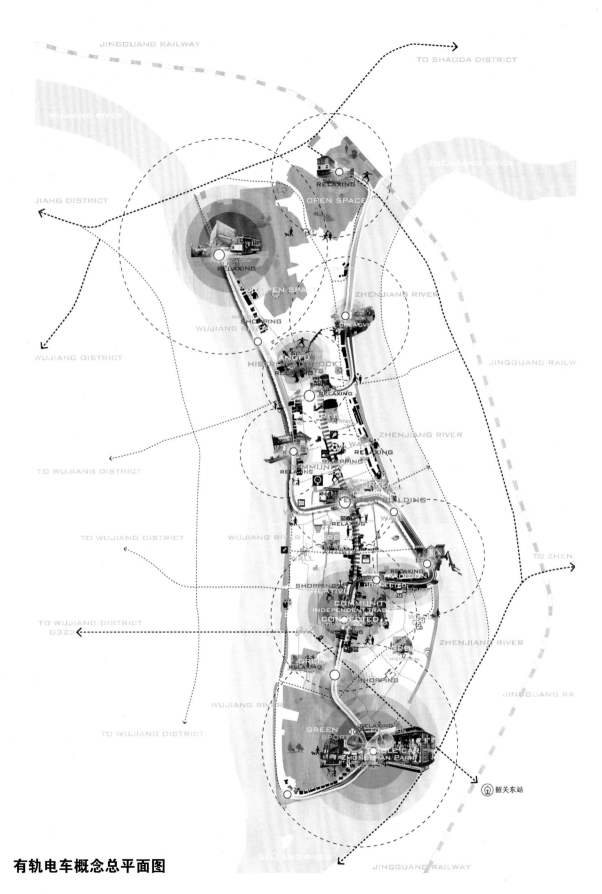

有轨电车概念总平面图

五分钟社区 – 街道网格指数分析

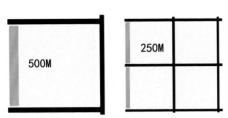

新城市主义的思考　TND 模式
（1）优先考虑公共空间和公共建筑，并把公共空间、绿地、广场作为邻里中心。
（2）对于内部交通，设置较密的方格网状道路系统，营造利于行人和自行车的交通环境。
（3）强调社区的紧凑度，强调土地和基础设施的利用效率。

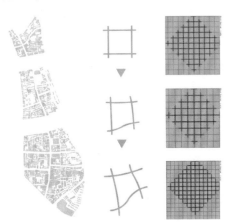

小岛片区的基于历史留下的细密街巷路网创造了许多充满活力的街巷空间，适宜步行社区的营造。

步行空间策略

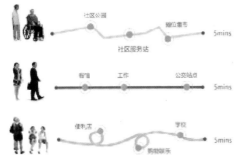

不同人群平时生活有着不同需求，这也就要求在适宜步行范围能够为不同人群提供安全的、串联多种功能空间的步行道路。

以社区道路为脉，通过富有生活气息的街巷空间串联起分散的社区公共空间与绿地

"社区营造"强调自发性透过当地居民共同参与，凝聚社区意识。并结合当地传统文化、地方产业、生态环境等，使社区获得永续发展，提升社区居民生活品质。

改造空间现状

基地选取位置为小岛西侧，总面积 6.79ha。
基地东西宽度约为 300m，南北宽度约为 200m，
基地范围内最远步行距离约 400m，步行时间在 5 分钟以内。

改造后平面图

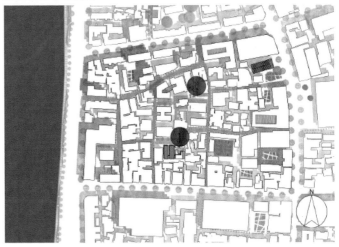

节点设计 – 荥阳书院

节点设计一　荥阳书院

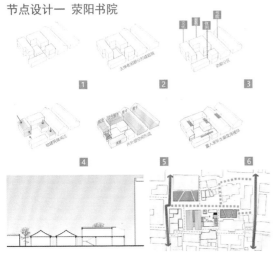

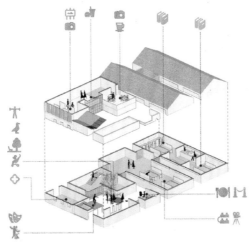

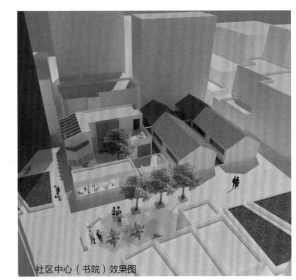

社区中心（书院）效果图

节点设计 - 风采市场

改造前

改造前摆摊混乱
人车安全存在隐患

部分摊贩无人管理
占用绿化空间

风采市场内部空间与
露天市场缺乏联系

改造后

摊贩转移后
空出道路空间

改造一部分街边设施
为流动摊贩提供
固定摊位

加强风采市场与露
天市场联系,增强
空间丰富度

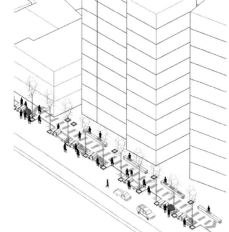

功能置换,形成专门化市场。

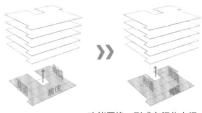

社区营造

由网络、APP、散布于各社区的社区中心构成基本系统。社区居民可以借由 APP 接受到社区内及社区周边的有用信息,参与社区活动,预约社区资源,增加居民之间的交往。

基地现状

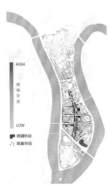

选取地块为风度步行街，现状主要为中低档类型的购物业和餐饮业，在未来的规划中，属于规划中轴线上重要地块，基地蕴藏巨大的商业潜力和承托重要的商业功能。

1.现状业态类型较为初级，未形成吸引人流和带领基地发展和改造的动力。

2.节点空间设施简陋，街道景观单调缺乏趣味，对于消费者停留休息欠缺考虑，吸引力较弱。

3.骑楼建筑狭长空间形式对于功能适用约束性大，且现状骑楼建筑普遍质量不高，属于"整体有风貌，单体少精品".

建筑

购物 商业服务 餐饮

业态

空间

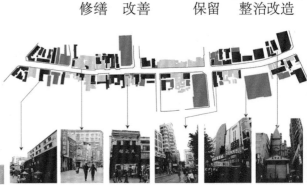

修缮 改善 保留 整治改造

概念生成

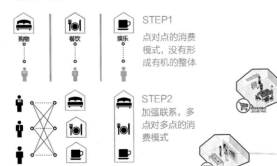

STEP1
点对点的消费模式，没有形成有机的整体

STEP2
加强联系，多点对多点的消费模式

STEP3
引入"FUN享"空间，作为空间序曲，使各业态功能之间的联系性大大增强。

场所机能 顾客机能

贩卖场所 配置新鲜时尚业态 ↔ 消费场所 寻找快乐体验功能

场所理念 消费者价值

融洽

消费者响应型的商业铸就出令人兴奋的消费场所

消费空间 体验空间 交流空间

传播技能 演出机能 诱导机能

'FUN' 享空间

强调从生活情境出发，塑造人们的感官体验及心理认同，通过环境、建筑及与城市风格的融合营造出别致的休闲消费场所，激发出消费者的消费意识和购物行为。体验式消费强调人体三方面感官的参与：视觉（听觉）、触觉、味觉。

视觉（听觉）：指消费现场各种特别的建筑形态、空间处理、景观设置等对消费者视觉的冲击（或某种声音引起人的注意）。

触觉：主要是指消费者在消费过程中的参与行为。

味觉：指商业物业里的美

规划策略

1开发无形的线上空间
引入网络空间概念，通过互联网为人们的交流交往延展平台

2引入内向型空间
商户结合住户形成若干小型节点，为打破直线型商业的围墙感。

3改造外向型空间

强调空间的趣味性和公共性，对线性景观进行改造提升。
A，沿街界面
B，公共节点
C，街道景观设计

外向型节点 ◯ ◯
内向型节点 ◯ ◯

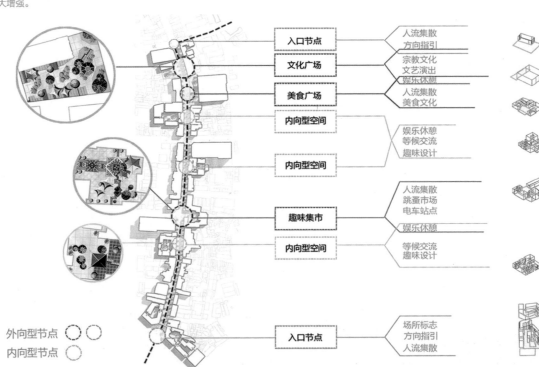

入口节点 — 人流集散 方向指引

文化广场 — 宗教文化 文艺演出 娱乐休憩

美食广场 — 人流集散 美食文化

内向型空间 — 娱乐休憩 等候交流 趣味设计

内向型空间

趣味集市 — 人流集散 跳蚤市场 电车站点 娱乐休憩

内向型空间 — 等候交流 趣味设计

入口节点 — 场所标志 方向指引 人流集散

街道序列

中点\终点

高潮

发展

起点

策略一：无形的线上空间

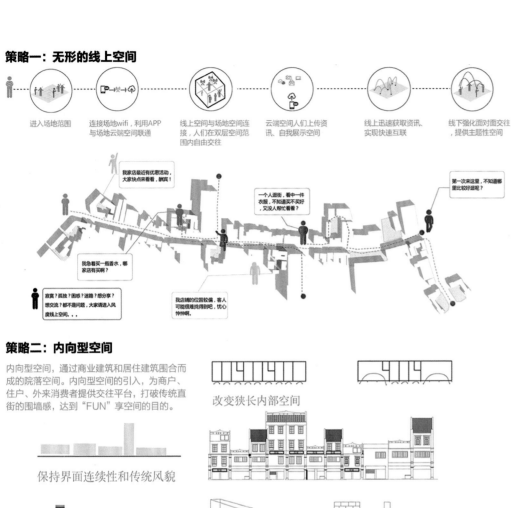

进入场地范围 → 连接场地wifi，利用APP与场地云端空间联通 → 线上空间与场地空间连接，人们在双层空间范围内自由交往 → 云端空间人们上传资讯、自我展示空间 → 线上迅速获取资讯、实现快速互联 → 线下强化面对面交往，提供主题性空间

我家店最近有优惠活动，大家快点来看看，酬宾！

一个人逛街，看中一件衣服，不知道买不买好，又没人帮忙看看？

第一次来这里，不知道哪里比较好逛呢？

我急着买一瓶香水，哪家店有买啊？

寂寞？孤独？困惑？迷路？想分享？想交流？不是问题，大家请进入风度线上空间...

我店铺的位置较偏，客人可能很难找得到吧，忧心忡忡啊。

策略二：内向型空间

内向型空间，通过商业建筑和居住建筑围合而成的院落空间。内向型空间的引入，为商户、住户、外来消费者提供交往平台，打破传统直街的围墙感，达到"FUN"享空间的目的。

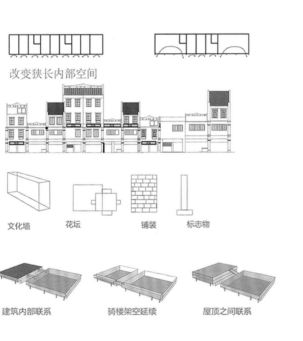

保持界面连续性和传统风貌

改变狭长内部空间

对拆除建筑进行记忆提取

文化墙　　花坛　　铺装　　标志物

建筑内部联系　　骑楼架空延续　　屋顶之间联系

分散的建筑通过连廊产生联系

植入共享空间

文化空间　　休息空间　　聚会空间

策略三：外向型空间

通过对空间节点、步行街界面以及景观的设计，使购物场所具有良好的景观、舒适的环境和富有趣味性，满足人的高层次心理舒适方面的需求。

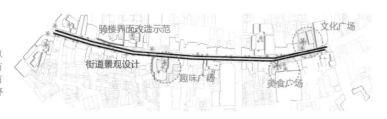

骑楼界面改造示范

街道景观设计

趣味广场

美食广场

文化广场

街道景观空间

内向型节点效果图

连廊空间

室外空间

外向型节点效果图

文化广场

美食广场

趣味广场

古城风韵 – 城墙

古城墙在古代为城市的边界，分割内外，建筑为实体，承担防御功能。而如今随着社会的发展，城市的扩大，城墙失去了原有防御的功能，并且由作为"城外墙"的边界，转变为了"城中墙"的城市肌理以及历史印记。

城墙空间的演变

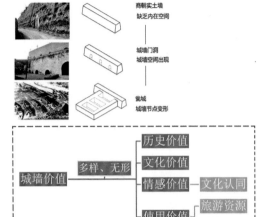

商朝实土墙
缺乏内在空间

城墙门洞
城墙空间出现

瓮城
城墙节点变形

城墙价值 — 多样、无形
- 历史价值
- 文化价值
- 情感价值 — 文化认同
- 使用价值 — 旅游资源 / 教育资源

城墙见证城市历史

B.C.770~B.C.220 春秋战国
B.C.221~B.C.220 汉朝
A.C.960~A.C.1279 宋朝
A.C.1368~A.C.1644 明朝
A.C.1368~A.C.1644 清朝
A.C.1949~NOW

符号提取

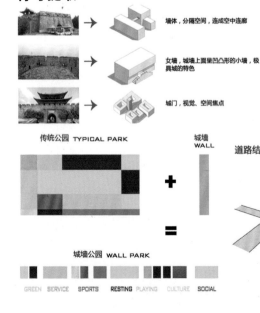

墙体，分隔空间，连成空中连廊

女墙，城墙上面呈凹凸形的小墙，极具城的特色

城门，视觉、空间焦点

传统公园 TYPICAL PARK + 城墙 WALL = 城墙公园 WALL PARK

GREEN SERVICE SPORTS RESTING PLAYING CULTURE SOCIAL

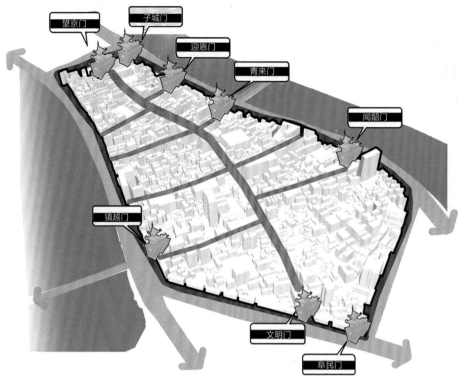

望京门 子城门 迎恩门 青来门 闻韶门 镇越门 文明门 阜民门

清朝一城八门、七楼八阁、鱼骨状街巷的传统格局，现状保护以风度路为骨架的鱼骨状街巷格局，包括街巷的尺寸、走向、风貌、历史名称等

城墙引入前后对比

城墙引入前
游客
绿地
居民
街道只用于通行

城墙引入后
日常交易 商人 小孩
乘客 游客 居民
顾客
街道适用多样性

道路结合城墙文化，沿线营造公共空间，赋予多种功能，把公共空间还给居民。并在城墙遗址沿线布置文化艺术装置，吸取城墙符号设计的室外家具，追溯城市记忆。

道路结合城墙文化示意

室外家具

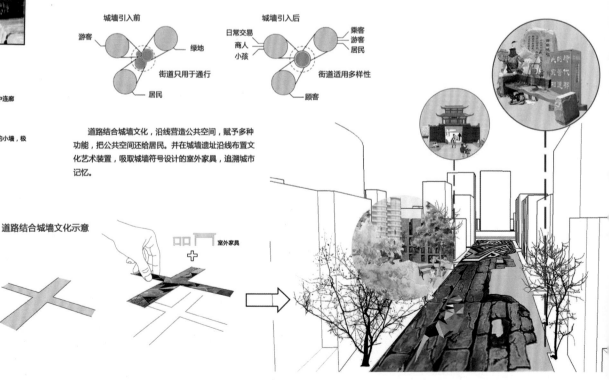

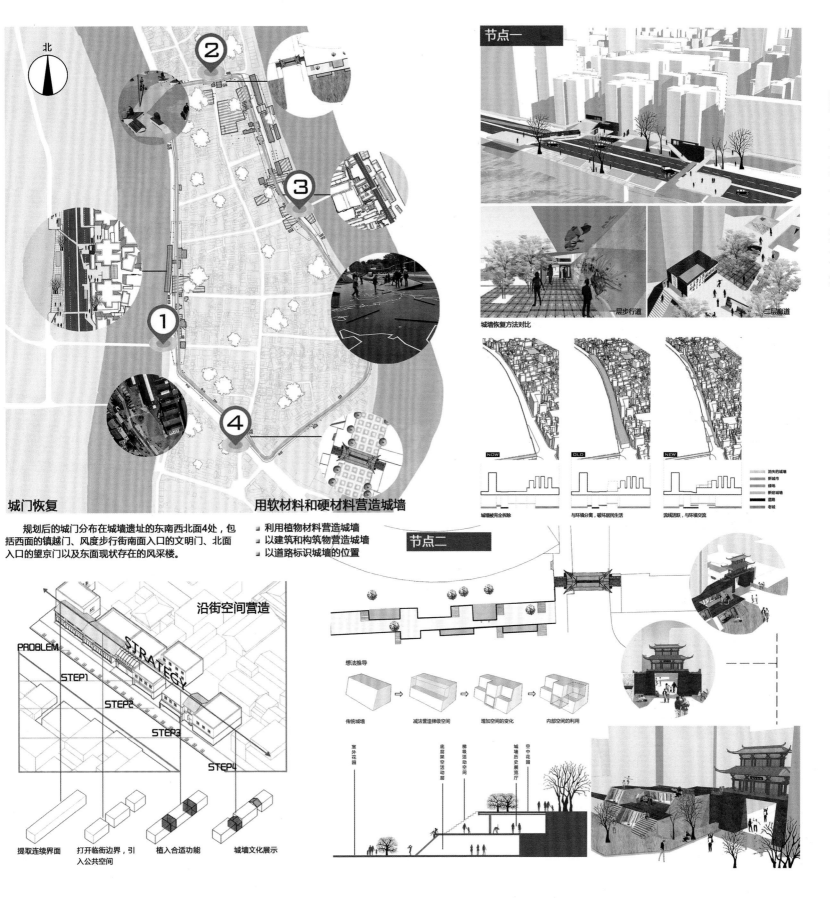

节点一

城墙恢复方法对比

一层步行道

二层廊道

NOW
城墙被完全拆除

OLD
与环境分离，破坏居民生活

NEW
流线活跃，与环境交流

消失的城墙
新城市
绿地
新建城墙
道路
老城

城门恢复

规划后的城门分布在城墙遗址的东南西北面4处，包括西面的镇越门、风度步行街南面入口的文明门、北面入口的望京门以及东面现状存在的风采楼。

用软材料和硬材料营造城墙

- 利用植物材料营造城墙
- 以建筑和构筑物营造城墙
- 以道路标识城墙的位置

节点二

想法推导

传统城墙 → 减法营造梯级空间 → 增加空间的变化 → 内部空间的利用

室外花园
底层架空活动层
梯级活动空间
城墙历史展览厅
空中花园

沿街空间营造

PROBLEM
STRATEGY

STEP1
STEP2
STEP3
STEP4

提取连续界面

打开临街边界，引入公共空间

植入合适功能

城墙文化展示

古城风韵 – 历史街区

■文保单位 ■文保单位保护线 ■文保单位控制线　　■历史街区保护线 ■历史街区控制线　　■骑楼竹筒屋商业街 ■广富新街竹筒屋　　■保护 ■修缮 ■改善 ■保留 ■整治改造

道路策略

道路现状	道路策略	道路意向	道路断面

 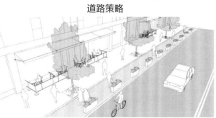  

人行道扩宽　　　　　　　　　　　　　　　　　　　　　　人行道扩宽

路边增设小型休憩场所　　　　　　　　　　　　　　　　　设街旁绿地

步道两侧增加绿化　　　　　　　　　　　　　　　　　　　设街旁绿地

公共空间现状

停车位　　　　　　　街道空间　　　　　　　边角料空间

公共空间策略

街边绿地　　　　　　共享街道　　　　　　社区公园
人行道的延伸　　　　有绿地的安全道路　　三角广场
　　　　　　　　　　车辆减速措施

公共空间策略

 1 个停车位

 2 个停车位

3 个停车位

小型休憩场所

小型休憩场所 + 自行车停放点

大型休憩场所 + 自行车停放点

示意图　　　　示意图

停车车道

自行车栏

临时自行车栏

街头咖啡馆

街道生态绿地

公共交通停车站

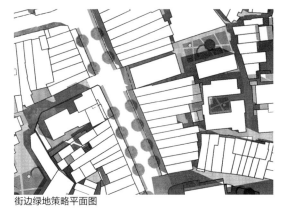
街边绿地策略平面图

效果图

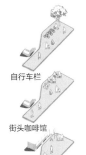

可移动长凳

咖啡桌

圆石和条木

凳位

花槽

花槽

自行车停放支架

花槽

木网格

自行车停车场

锁杆

铺装

花槽

车轮支架

街边公共设施效果图

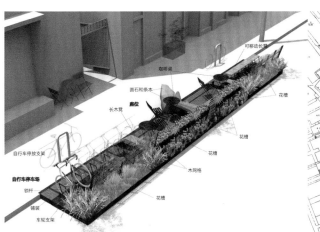

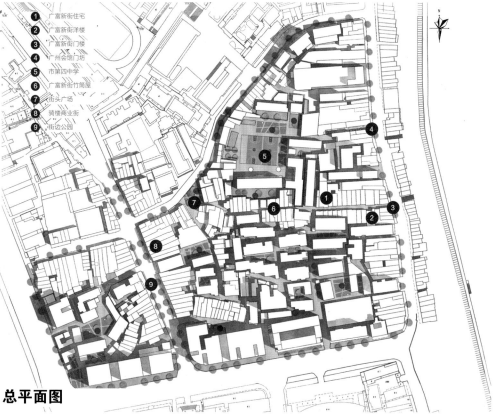

1 广富新街住宅
2 广富新街洋楼
3 广富新街门楼
4 广州会馆门坊
5 市第四中学
6 广富新街竹筒屋
7 街头广场
8 骑楼商业街
9 街边公园

总平面图

滨水形象策略

西雅图滨水带

全民参与下建设的滨水活动区，尊重西雅图的过去、现在和未来，大胆创新建造的滨水空间，为西雅图海岸增添活力并成为西雅图的新名片。

纽约哈德逊河公园第五段景观区

在往日公园绿地空间甚少的切尔西，哈德逊河公园第五段景观区便成为了当收到公众极大欢迎的公园场所。甚至在飓风桑迪肆虐期间，哈德逊河公园第五段景观区遭到咸水淹没，但基本未被损坏。

维多利亚港

香港的"东方之珠"，作为对外贸易的港口，为城市提供无数机遇与活力。拥有优雅的天际线与丰富的公共空间，是各大节庆举办的场所。

提出问题

既然滨水空间如此重要，我们应提升三江口滨水空间的活力。

首先要对环绕中山公园的建筑进行处理。

针对目前的情况有许多策略与方案，比如常见的拆除所以围合的建筑。但拆除除了耗费金钱时间，伴随还有一系列的产权问题。

如果不进行拆除，又有什么提升滨水空间活力的方法？

结合我们在小岛所看到的，听到的，触摸到的，以及居民对中山公园的展望，把中山公园打造成小岛的核心开放空间，以大型开放水体为中心为当地居民和游客创造宜人的休闲环境，从而为小岛塑造鲜明、独特的标志形象。公园设计将增加滨江空间与中山公园的连接度，并打造丰富多样的活动空间。

小岛居民对公园的愿景

【用平台连接中山公园与滨江带，把水元素引入中山公园，同时把公园的景观渗透到江边】

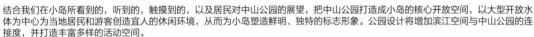

| 中山公园范围 | 中山公园外围有一圈建筑围合 | 架构延伸到江面的平台，赋予各种功能 | 把公园的带到江边，滨江的景观延伸至公园 | 用廊道连接各个平台 |

钢结构

雨水收集与净化装置

私有建筑与平台之间保留一定绿地，使私人活动尽量不被打扰。

概念提出

串联的神经元

连接中山公园与滨水空间的平台设计抽取神经系统的形态。

模拟人们获得对环境的认知和感受后，把感知信息传达到大脑的过程。

人们感知环境后脸上呈现出的喜怒哀乐和这个多功能的平台一样，成为小岛新的城市名片。

· 保留原有园建设施
· 增加停车点
· 疏通园路，原来的细碎的原路整理变成·表演场地，另外营造精致园林。
· 设计道路与平台相连接，同时减少公园内的水景
· 广场中央增加绿化
· 丰富园林景观空间
· 集中体育运动场地，划分为体育健身区
· 南端的几栋建筑改建成文化展示区

从外界刺激获得的感官体验 ➡ 神经传递信号 ➡ 大脑处理信息 ➡ 作出反应

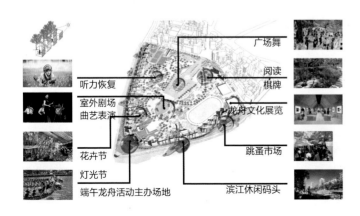

- 听力恢复
- 室外剧场
- 曲艺表演
- 花卉节
- 灯光节
- 端午龙舟活动主办场地
- 广场舞
- 阅读
- 棋牌
- 龙舟文化展览
- 跳蚤市场
- 滨江休闲码头

节点设计一

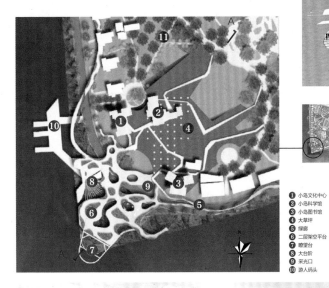

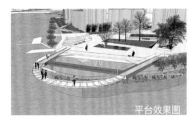

平台效果图

整体效果图

【观景与文化】

拆除最南端的海关大厦，打通中山公园的视廊；把周围三座建筑私有化，分别赋予不同的文化展示、交流与教育的功能，与平台结合在三江口形成文化景观区。

平台上设置大小不一的开口，保证平台下方的广场与道路的采光；下方广场与游人码头结合，成为一个新的滨水活力点。

抬高的观景平台向着前方的高塔，

营造平台上的绿色花园。

① 小岛文化中心
② 小岛科学馆
③ 小岛图书馆
④ 大草坪
⑤ 绿廊
⑥ 二层架空平台
⑦ 瞭望台
⑧ 大台阶
⑨ 采光口
⑩ 游人码头

道路效果图

平台不影响车辆的形式，平台与下面的空间由大台阶、手扶电梯和升降梯连接。

大草坪效果图

视野开阔　　　　　　　　　　视野封闭

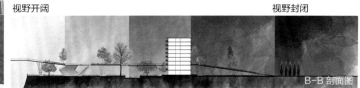

B-B 剖面图

用斜坡连接滨江部分呢的平台与中山公园，斜坡草坪上可进行各种休闲娱乐活动。

节点设计二

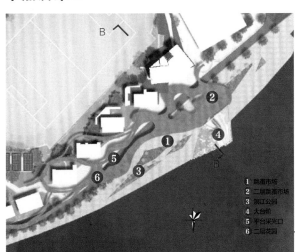

① 跳蚤市场
② 二层跳蚤市场
③ 滨江公园
④ 大台阶
⑤ 平台采光口
⑥ 二层花园

【休闲广场与跳蚤市场】

流线型的平台作为中央观景台的眼神，同时连接公园和滨水空间。架空的平台为原来的跳蚤市场保留空间的同时，新建开放的大台阶把跳蚤市场引导到二层空间。希望实现跳蚤市场和休闲活动的区域的融合。

底层
跳蚤市场　滨水活动区
二层
跳蚤市场　廊道花园

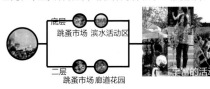

丰富的活动

跳蚤市场效果图

B-B 剖面图

《2016 年广东省规划院杯联合毕业设计竞赛》
广东省韶关市小岛片区城市设计

指导教师：漆 平
作 者：陶东燊、陈泽航、林映霞、彭科衔、陈子健、张卓浩
学 校：广州大学

区位分析 District Analysis

韶关市小岛片区位于武江和浈江的交汇处，是韶关的旧城中心，承担着韶关发展的旧城服务中心职能。

规划区总用地面积 3.36 平方千米。项目内容分为两个层次：小岛片区概念设计（约 2.76 平方千米）和小岛三江口片区城市设计方案（约 55.48 公顷）。

【韶关总体规划背景】

城市发展方向　　西进、南拓、东联、北优

小岛片区与韶关城市格局的联系

"一带两翼三心，一主五组团"城市空间结构
一带："三江六岸"滨江城市发展带的中段　　三心：新城中心、老城中心、曲江副中心
两翼：东翼和西翼产业发展区的对称中心　　一主：主城区中的老城区

韶关市主城区旧城改造规划

规划战略：规划提出以新城建设促进老城功能、人口疏解，优化单中心城市空间结构。通过建设新城中心，分担老城中心压力，促进老城职能外迁；创造新城宜居环境，提供充裕的就业岗位与公共服务，吸引老城人口转移，彻底改变外溢－回波的空间结构。在功能定位上，老城中心为"传统商业＋历史文化"，其他职能进行适度外迁。

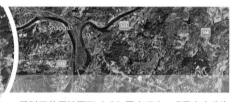

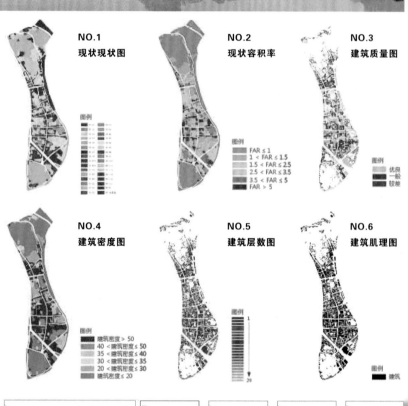

NO.1 现状现状图

NO.2 现状容积率

图例
FAR ≤ 1
1 < FAR ≤ 1.5
1.5 < FAR ≤ 2.5
2.5 < FAR ≤ 3.5
3.5 < FAR ≤ 5
FAR > 5

NO.3 建筑质量图

图例
优良
一般
较差

NO.4 建筑密度图

图例
建筑密度 > 50
40 < 建筑密度 ≤ 50
35 < 建筑密度 ≤ 40
30 < 建筑密度 ≤ 35
20 < 建筑密度 ≤ 30
建筑密度 ≤ 20

NO.5 建筑层数图

NO.6 建筑肌理图

图例
建筑

NO.1 公共管理与公共服务用地　A 15.27%
NO.2 商业服务业设施用地　B 7.56%
NO.3 居住用地　R 35.83%
NO.4 绿地与广场用地　G 20.98%
NO.5 道路与交通设施用地　S 16.75%
NO.6 公用设施用地　U 3.33%
NO.7 物流仓储用地　W 0.11%
NO.8 工业用地　M 0.18%

规划区内总用地面积为 277.12 公顷，其中城市建设用地为 205.47 公顷，占总用地的 74.14%。人均城市建设用地仅为 32.10 平方米每人。从用地现状分析，目前小岛片区区的主要功能为居住和综合服务。

小岛关键词

综合指标叠加分析

城区现有绿化

业态 Industry

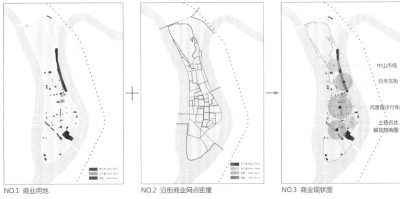

NO.1 商业用地　　　NO.2 沿街商业网点密度　　　NO.3 商业现状图

商业用地主要分布在解放路，北部商业网点密度高于南部片区，街区内部商业网点密集，小岛商业类多元，形成解放路、风度路步行街、百年东街以及依赖菜市场自主形成的特色业态圈。

人群热力分析 Crowd Thermal Analysis

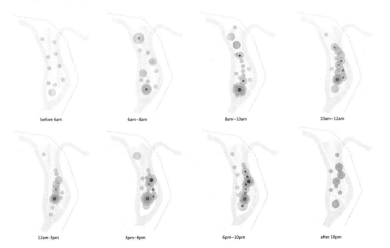

before 6am　　6am-8am　　8am-10am　　10am-12am

12am-3pm　　3pm-6pm　　6pm-10pm　　after 10pm

城区绿化 Urban Greening

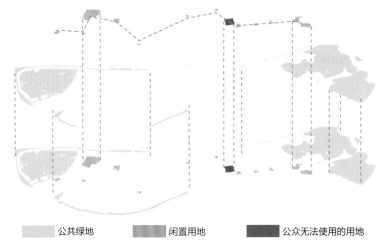

公共绿地　　　闲置用地　　　公众无法使用的用地

韶关主城区的景观绿化存在着若干问题：一是城市绿地不足，难以改善主城区微气候；二是城市绿化分布不均，以小岛片区为例；三是物种单调，层次单一。

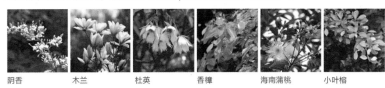

阴香　　木兰　　杜英　　香樟　　海南蒲桃　　小叶榕

气候环境 Climate

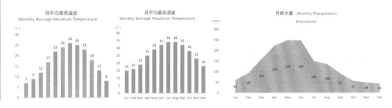

韶关市位于北纬度 23°34' 至 25°31' 之间，距离南海 200 多千米。韶关地区是大陆气团和海洋气体交汇的过渡地带，兼受大陆性和海洋性气候的影响，冬夏季风转换明显。韶关属于中亚热带湿润性季风型气候，具有温暖、多雨、湿润的特点。一年四季均受季风影响，冬季盛行东北季风，夏季盛行西南和东南季风。年均降雨 1 300~2 400 毫米，3-8 月为雨季，9-2 月为旱季。

临江天际线 Riverside Skyline

大面积的居住房产、 沿江道路设施覆盖三江六岸， 阻碍和割裂了民众生活与两岸的联系， 导致大量水际文化活动的缺失， 市民或游客难以切身感受或体验到两江的旅游、休闲等人文活动。

定义 Definition

一级概念	组织（有序化、结构化）	
涵义	事物朝有序、结构化方向演化的过程	
二级概念	自组织	他组织
涵义	组织力来自事物内部的组织过程	组织力来自事物外部的组织过程
典型例证	生命的生长	机器

自组织、他组织的关系 The Essence of Self-organization

自组织力与他组织力关系可分为三种：

一、当自组织力与他组织力同向时，加速城市良性发展

二、当自组织力与他组织力背离时，阻碍或延缓城市良性发展

三、当自组织力与他组织力处于可耦合状态时，通过对他组织力的不断调整与修正，促使城市稳步良性发展。

自组织的城市发展观 Development of Urban

城市经历了从无到有、从简单到复杂、从低级到高级的发展过程。作为一种"以非农业人口为主体的人口、经济、政治、文化高度聚集的社会物质系统"，城市有其自身的本质和特征以及成长机制和运行规律。在城市系统的演化中，有一种无形的自然力量起支配、控制作用。它的自我组织、自发运动不为人的意志所左右，运用自组织理论的术语说就是由某种序参量或动力学方式在起作用。

理论解析 Theoretical Analysis

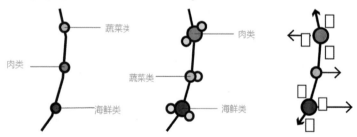

NO.1 各类商贩随机摆卖。　NO.2 各类商贩根据地价与人流，调整摆卖位置，并开始形成集聚。　NO.3 各类商业开始利用周边空间形成节点。

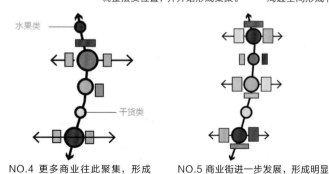

NO.4 更多商业往此聚集，形成明显的商业街形态。　NO.5 商业街进一步发展，形成明显节点，轴线。商贩开始进行自我管理。

规划方法论 Planning Methodology

固有规划方法论 -- 终极蓝图式规划

优越性：

1.规划结构清晰，层次分明；2.终极蓝图宏伟壮观，表达他组织力量强大。

局限性：

1.未来状况难以确定，终极预测准确性低；2.从终极蓝图往回推导，规划与实施容易脱节；3.规划缺乏弹性，难以适应社会发展。

自组织规划方法论 -- 渐进式动态规划

特点：

1.从现在出发，往外延伸；2.对未来不作细节描述，只作抽象预测；3.滚动式的过程控制规划。

优越性：

1.实施性强，能对现实问题作出及时有效的回应；2.规划具弹性，可满足自组织发展诉求；3.利于他组织与自组织的有机结合。

自组织程度

空间自组织分析主要体现各片区居民自发力量对空间的利用情况。

该项目主要研究对象为

　1.空间利用率

　2.空间满意度，舒适性

　3.社区自治力度

　4.居民对空间的改造

　5.活动的多样性

该分析体现自下而上的自治力度对空间的利用情况。

自组织：

　1.涨落过度 — 过于集中与部分地区

　2.竞争失衡 — 公共利益被侵占

　3.注重短期利益与局部利益，忽略长远与整体利益。

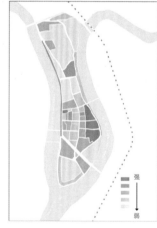

他组织程度

空间管他组织主要体现上层次力量对各片区的管治力度强弱。

该项目主要研究对象为

　1.门禁强度

　2.空间开放性 / 封闭性

　3.上层次巡逻频率

　4.空间治理力度

　5.空间使用性质确定性

该分析体现自上而下管治力量强。

他组织：

　1.不能满足居民活动需求

　2.规划不能有效解决当前问题

　3.缺乏弹性

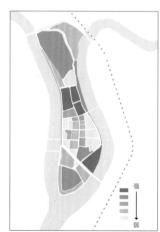

规划方法论 Planning Methodology

NO.1
以巷为主塑造特色小尺度网络

NO.2
以街为主延伸社区生活网络

NO.3
以路为主建立公共活动网络

NO.1
以桥以及滨江岸线为主的滨水空间步行网路

自组织团体划分 Self-organization Groups Divided

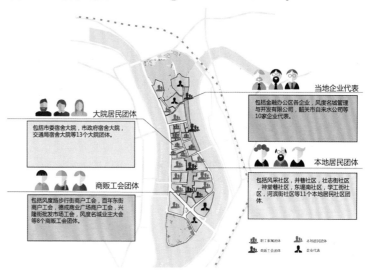

当地企业代表
包括金融办公区各企业，风度名城管理与开发有限公司，韶关市自来水公司等10家企业代表。

大院居民团体
包括市委宿舍大院，市政府宿舍大院，交通局宿舍大院等13个大院团体。

本地居民团体
包括风采社区，井巷社区，壮志街社区，神堂巷社区，东堤南社区，学工街社区，河滨街社区等11个本地居民社区团体。

商贩工会团体
包括风度路步行街商户工会，百年东街商户工会，德成商业广场商户工会，兴隆街批发市场工会，风度名城业主大会等8个商贩工会团体。

规划结构 Planning Structure

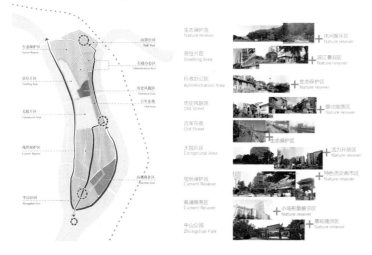

生态保护区 Nature reserve
居住片区 Dwelling Area
行政办公区 Administration Area
历史风貌区 Historical Area
百年东街 Old Street
大院片区 Compound Area
现状保护区 Current Reserve
高端商务区 Business Area
中山公园 Zhongshan Park

社区营造 Community Building

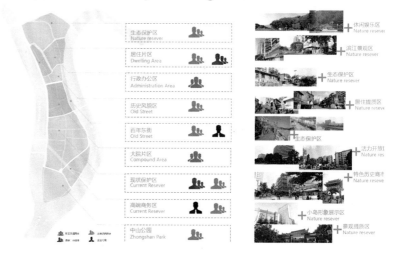

生态保护区 Nature reserve
居住片区 Dwelling Area
行政办公区 Administration Area
历史风貌区 Old Street
百年东街 Old Street
大院片区 Compound Area
现状保护区 Current Reserver
高端商务区 Current Reserver
中山公园 Zhongshan Park

社区营造 Community Building

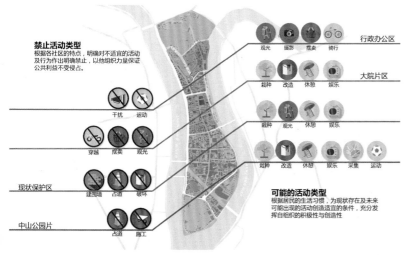

禁止活动类型
根据各社区的特点，明确对不适宜的活动及行为作出明确禁止，以他组织力量保证公共利益不受侵占。

行政办公区
观光　摄影　摆卖　骑行

大院片区
栽种　改造　休憩　娱乐

栽种　观光　休憩　娱乐

栽种　改造　休憩　娱乐　集市　运动

干扰　运动
穿越　摆卖　观光
现状保护区
建围墙　占道　破坏
中山公园片
占道　施工

底线控制 Base Line Control

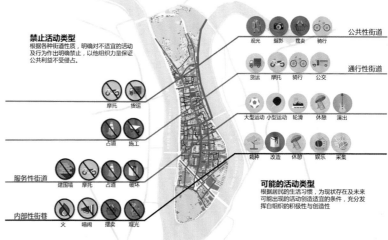

禁止活动类型
根据各种街道性质，明确对不适宜的活动及行为作出明确禁止，以他组织力量保证公共利益不受侵占。

公共性街道
观光　摄影　摆卖　骑行

通行性街道
货运　摩托　骑行　公交

大型运动　小型运动　轮滑　休憩　演出

摩托　货运
占道　施工
服务性街道
建围墙　摩托　占道　破坏
内部性街巷
火　喧闹　摆卖　观光

可能的活动类型
根据居民的生活习惯，为现状存在及未来可能出现的活动创造适宜的条件，充分发挥自组织的积极性与创造性

六校联合毕业设计
广东省韶关市小岛片区城市设计

77

試

試城 [酉集上]【言字部】試
遊釋 室適 逝拾 事施 氏什 誓飾 食史
市事 拾時 逝實 拾市 施始 什師 飾試 史室

目标定位 Target Setting

基于现行控规的指引与对用地布局、建筑形态及城市空间等现状进行分析梳理，对此地块的目标定位为：传统商住风貌区。

优化策略 Optimization Strategy

针对当下的主要矛盾，提出三大优化策略：划定自组织管理单元、增加开敞空间、营造街道空间。

策略一：划定自组织管理单元
Delineated Self-organizing Management Unit

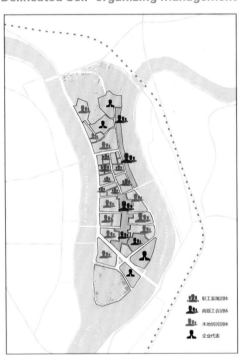

◆划定依据：
①社区划分/管理单元；②行动/计划指引；③用地权属/关系利害人。

◆划定说明：

根据划定依据，通过对行政分区、行动计划指引、用地权属以及建筑现状等结果的叠加分析，将地块划分为11个自组织单元，同时划定自组织交互区，确保传统商业轴的构建过程中各单元的相互配合，最终实现地块乃至整个片区的整体性。

◆单元编码形式为社区名称首字母的大写，后缀为序号。

如"XGJ-01"则表示学宫街社区自组织单元一。

NO.1 控规地块编码图

NO.2 行动计划指引图

NO.3 用地权属图

NO.4 自组织单元分布指引图

策略二：增加开敞空间 Open Space

①开敞空间现状：用地紧张，布局紧凑，开敞空间紧缺。
②开敞空间规划："1+N"
1个综合广场 + 多个口袋公园/红线公园。
③规划说明：
◆ 1个综合广场：作为重要节点，提升地块内部空间质量的同时，承担小岛片区整体交通的组织。
◆参考案例：匈牙利布达佩斯新城市中心。
◆ N个口袋公园/红线公园：由于用地紧张，本次开敞空间的规划在摸查统计可利用空间的基础上，运用化整为零的手法在地块内设置多处口袋公园；并将响应国家打开小区围墙的倡议，根据实际情况，尝试性地在地块内设置红线公园。
◆案例参考：佩雷公园

街道空间规划指引图
Street Planning Guidelines

思维转换
星火燎原
精细管理
步行连续

策略三：营造街道空间
——窄马路、密路网、小街区
Classification Of Public Spaces

案例参考：日本城市（东京/大阪等）街道设计
设计指引：
①个性但协调的街道风貌：街道风貌的塑造并不讲求于对建筑形式、沿街广告牌样式的统一控制，而是更多的取决于对街道空间使用的管理、交通安全保障、车辆停放管理、人行道连续的保障，以及对于生活垃圾的处理。
②为"人"的街道营造：
◆思维转换：工具适应空间，而非空间适应工具；
◆星火燎原：鼓励"自绿化"，提高绿化率的同时增加街道空间趣味性；
◆精细管理：即使最狭窄的街道也要进行空间划分并纳入管理；
◆步行连续：人行道在平面高度上始终保持是连续的，与路段的标高一致，实现更好的步行环境。

①主干道断面图

设计说明 Design Explanation

NO.1 规划布局结构图

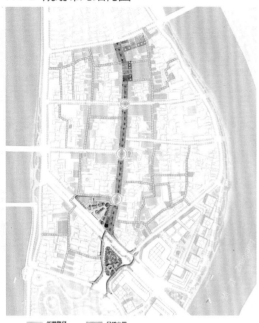

街巷路径　口袋公园

① 总体布局："1+N"骨架
以街巷路网为基本骨架，构建 1 个综合广场
+N 个口袋公园的总体空间布局。

NO.2 景观系统规划图

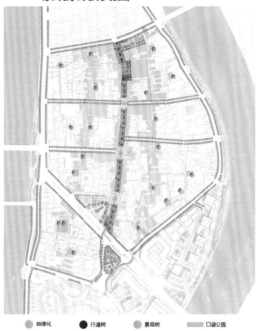

自绿化　行道树　景观树　口袋公园

② 景观系统：三位一体
自绿化为点、行道树为线、公园绿地为面，
三位一体构建完整景观体系。

NO.3 交通体系规划图

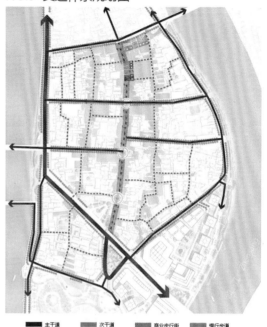

主干道　次干道　商业步行街　慢行步道

③ 交通组织：慢行系统
沿用人车分行的形式，以街巷为载体构建连
续的慢行系统，并融入轻便型交通工具。

街巷空间营造 Street Create

◆ 严格控制
◆ 精细管理
◆ 控管并行

　　地块内部街巷空间横向建筑间
距为 2m~5m，根据空间营造意向，
设计 4 种断面形式。其中严格控制
2m 净宽的通行面，并将 2m 以外范
围纳入精细管理。

街巷空间意向图　Intention of Street Space

② 次干道断面图

③ 支路断面图

NO.1 2m 街道断面设计图

NO.2 3m 街道断面设计图

NO.3 4m 街道断面设计图

NO.4 街道断面设计图

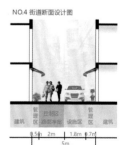

試
城 釋 市

逝 室 逝 事 氏 誓 食
事 適 拾 施 什 飾 史
時 實 市 始 師 試 室

【酉集上】【言字部】試

围墙对街道和公众的影响
The impact of the wall on the street and the public

　　墙，作为一种物质上和精神上的构筑，在中国人的意识里根深蒂固地存在着。从长城到城墙，到四合院的墙，到单位大院的围墙，到住宅小区的墙，有意识无意识中，人们总在试图用墙去围合并声明其占有权。

　　缺少公园的城市磨炼了人们的创造性和适应性。倚着电线杆可以休息，马路牙子可以稍坐片刻，人行道上可以锻炼身体，桥洞下可以剃头修自行车，小孩子们无限渴望每星期一次上公园的机会……

红线公园
Redline Park

NO.1 保洁分区

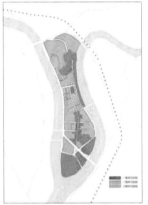

NO.2 环境卫生指标控制

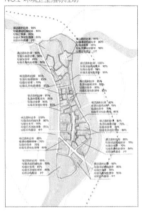

NO.3 垃圾收集

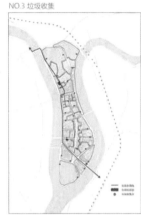

底线控制　Bottom Line Control

NO.1 街巷宽度控制

NO.2 街巷性质分类

NO.3 停车指标控制

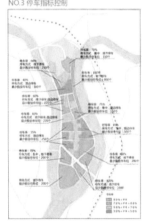

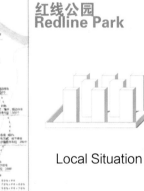

Local Situation　　Break Up Enclosure　　Redline Park City

建筑控制　Building Control

NO.1 建筑高度控制图

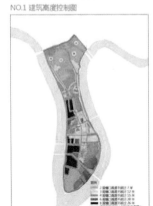

NO.2 建筑整治模式控制图

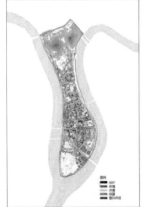

NO.3 文物保护单位保护区划图

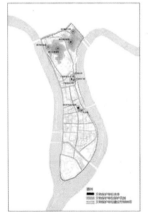

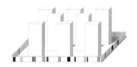

围墙

↓

被红线公园取代

口袋公园系统 Midtown Park System

关键词：选址灵活、面积小、离散性分布

口袋公园也称袖珍公园，指规模很小的城市开放空间，常呈斑块状散落或隐藏在城市结构中，为当地居民服务。城市中的各种小型绿地、小公园、街心花园、社区小型运动场所等都是身边常见的口袋公园。

因为口袋公园具有选址灵活、面积小、离散性分布的特点，它们能见缝插针地大量出现在城市中，这对于高楼云集的城市而言犹如沙漠中的绿洲，能够在很大程度上发送城市环境，同时部分解决高密度城市中心区人们对公园的需求。

相关案例

Kik 公园

Kik 公园位于近年来专为附近复旦大学和同济大学的学生建造的创智坊入口处，互动存在于相关人员（他们的行为和活动）和诸如天气声音等自然因素对其的影响中。建筑师预先定义了人们闲聚、休憩甚至进行滑板运动等的特定行为场所，形成一块同时包容集会和私密并存的公共地毯。

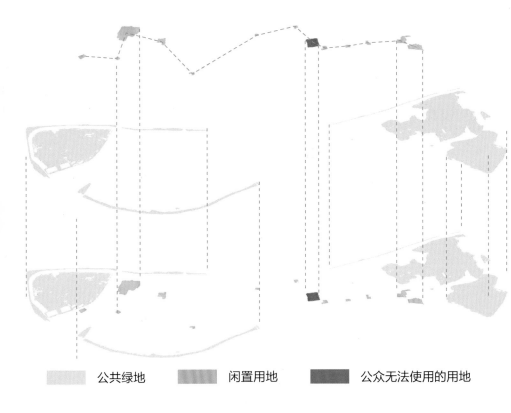

公共绿地　　　　闲置用地　　　　公众无法使用的用地

场地条件示意图　　　　　　红线公园设计指引图

Before　　　　　　　　　　After

在用地紧张但使用需求又无法满足的情况下，可尝试性地借"打开小区围墙"政策之力，用红线公园的概念创造趣味性场地。

中国香港百子里公园

中国香港百子里公园，为纪念辛亥革命，香港市区重建局已经开始白子里公园项目，以纪念革命百年。该公园位于香港的中、西部地区之间的社区之间，百子里是旧楼之间的一条死胡同。百子里公园将周围社区结合在一起，可持续发展。 振兴历史故地作，促进不同层次的使用对象视觉联动，采用本地植物构建无障碍景观。此外，它帮助公众对当地的历史深层次地了解，连接过去，创造未来。

红线公园意向效果图 Redline Park Renderings

試

城 釋 市
【酉集上】【言字部】試

逝事時 室適實 逝拾市 事施始 氏什師 誓飾試 食史室

可持续发展策略　Sustainable Develpoment Strategy

设计导则：以下可持续发展策略应在设计中予以优先考虑并实施。

适应的重新使用 ADAPTIVE RE-USE　植物墙 VEGETATED WALL　风阻 WIND BREAKS　雨水的自然收集和利用 BIOSWALES & RAIN GARDENS　滴灌 DRIP IRRIGATI

雨水的储存与使用 RAINWATER USE & STORAGE　可渗透地面 PERVIOUS SURFACES　适应的重新使用 ADAPTIVE RE-USE　应用本地材料 REGIONAL MATERIALS　使用可更新材 RENEWABLE MAT

植物配置意向　Plant Disposition Intention

景观规划结构　Landscape Planning Structure

  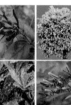

"绿心"
建立北部帽峰山风景保护区，改造南部中山公园绿地，形成小岛片区两个绿心，改善区域内部微气候。

"绿网"
建立红线公园＋口袋公园的景观绿化网络，以点连线，以线连片的网状城市景观绿化系统。

"绿环"
改造小岛环岛滨水空活化三江两岸滨江景观，景观优化、涵养水土和防洪的生态缓冲带。

Node transformation effect diagram 节点改造效果图

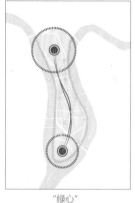  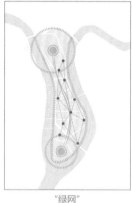 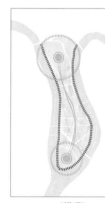

城市设计总平面图

① 风采楼
② 风采路商业广场
③ 风度广场
④ 风度中广场
⑤ 社区文化中心
⑥ 商务楼
⑦ 综合广场
⑧ 街头公园
⑨ 交通岛绿地
⑩ 人行天桥
⑪ 中山公园入口广场
⑫ 公交站场
⑬ 游览观赏区
⑭ 老人活动区
⑮ 综合体育馆
⑯ 科普文教区
⑰ 儿童游乐区
⑱ 田径场
⑲ 三江口公园
⑳ 洲心岛
㉑ 游船码头
㉒ 交通型口袋公园
㉓ 游憩型口袋公园
㉔ 工作型口袋公园
㉕ 居住型口袋公园
㉖ 公交候车亭
㉗ 摩的集散点
㉘ 风度名城
㉙ 华美达广场
㉚ 太平洋电脑城
㉛ 庵景华庭
㉜ 高层住宅

新建型建筑
整治型建筑
街巷管理区
街巷控制区
街巷商贸点
自绿化
红线公园试点
城市设计范围

武江 Wujiang　浈江 Zhenjiang

改造前

红线公园效果图

改造前

入口广场抵达的首要地点，还成为人们聚集和活动的场所，在高峰时段提供充足的通行空间和停留空间。
其设计要求包括：外观易于识别；配置适宜步行的地面铺装；提供座椅和遮荫设施；设置综合信息和引导标识；建立与周边公共交通的便捷联系；与广场周边建筑结合进行高品质设计。

商业街广场效果图

入口广场抵达的首要地点，还成为人们聚集和活动的场所，在高峰时段提供通行空间和停留空间。
其设计要求包括：外观易于识别；配置适宜步行的地面铺装；提供座椅和遮荫设施；设置综合信息和引导标识；建立与周边公共交通的便捷联系；与广场周边设计。

中山公园改造意向效果图
Zhongshan Park Renovation Renderings

自组织单元规划指引一览表

序号	单元编码	面积（㎡）	独立占地的公服/市政/交通设施控制指引
1	XGJ-01	10386	公服设施：医疗卫生设施用地1处（面积440㎡）
			居住型口袋公园1个（面积500㎡）
2	STX-01	17354	公服设施：工作型口袋公园1个（面积300㎡）
3	STX-02	13827	公服设施：宗教用地1处（面积850㎡）
4	WHJ-01	18944	公服设施：中小学用地1处（面积3000㎡）
			行政办公用地1处（面积1695㎡）
			游憩型口袋公园1个（面积500㎡）
5	FDZ-01	42514	公服设施：居住型口袋公园1个（面积300㎡）
6	FCL-01	21409	公服设施：行政办公用地1处（面积850㎡）
7	DDN-01	23931	公服设施：中小学用地1处（面积3000㎡）
			工作型口袋公园1个（面积300㎡）
			市政设施：环卫站1个（面积80㎡）
8	JGL-01	27856	公服设施：文化设施1处（面积8000㎡）
			交通型口袋公园1个（面积500㎡）
9	JX-01	24953	交通设施：公共交通场站用地1处（面积2000㎡）
			含公交站一个、摩的集散点1个
			交通指挥中心1个
10	LDM-01	16976	公服设施：行政办公用地1处（面积1240㎡）
11	HYL-01	36753	公服设施：居住型口袋公园1个（面积1000㎡）
			交通型口袋公园1个（面积300㎡）

滨水岸线 – 中山公园剖面图　Sectional View

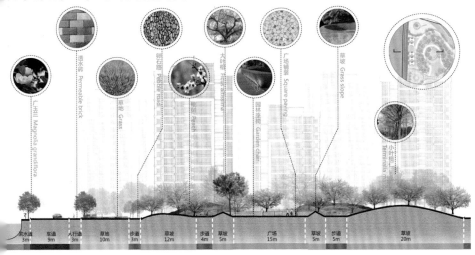

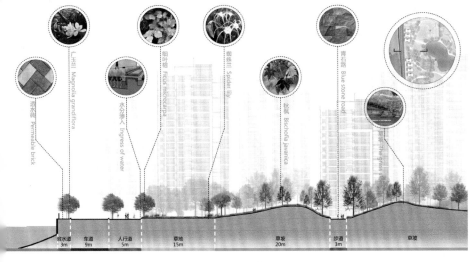

Artistic Installation 艺术装置

《解放·二十·城》

　　本装置主要以解放路为地点，以二十为调研方法，来了解一座城市的现状与动态变化。解放，指解放路；二十，我们采取的照片数量；城，调研对象，指小岛片区。我们采取延时摄影的方法来记录小岛片区解放路上从傍晚5点半到七点半的道路变化，并通过胶片的方式来记录这种变化。

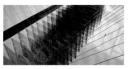

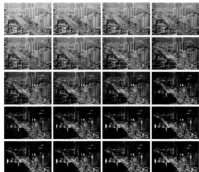

Model 模型

为了对场地尺度有准确的把握，本次城市设计我们使用了雕刻打印机对广富新街片区进行建模，因此对场地有了更深入的了解。

哈尔滨工业大学
Harbin Institute of Technology

项雨辰　艺术设计

广州—昆明—成都，联合毕设的每一站都留下了太多美好的回忆，调研、中期、答辩，一路走来，我们在设计过程中学习新的知识，在团队协作与交流里建立深厚的友谊，虽然辛苦，但是收获颇丰。感谢六校老师们的耐心指导，感激这一路陪伴我的队友伙伴，也感恩所有美好的相遇。

何彦汝　艺术设计

非常感谢广规院为我们提供了这样一次机会，能够参加六校联合毕业设计，与不同学校不同专业的老师与同学们相识相知，从每个人身上都学到很多的东西，让原本一成不变的毕业季也变得多姿多彩。我们有缘走到一起，未来也一定有缘再次相见！

黄磊　艺术设计

更多的辛苦，更多的收获。本次联合毕设让我们不仅收获了跨学科的知识，更让我们收获了校际的友谊。从此，我更加理解团队合作的意义，以及互相帮助互相学习的精神。感谢六校老师的共同指导，以后的设计之路上必定铭记在心。

刘聪　艺术设计

都说大学里总要做几件铭记一生的事，那么以联合毕设的形式结束本科的课程就是一次难得又难忘的经历。在三个月的学习时间里，收获的远不止是成绩。感谢老师们的谆谆教诲，感谢各校同学们的相伴，青春不灭，友谊不止，未来的道路上，我们携手前行。

1 小岛片区概念规划

设计背景

韶关地处广东省北部，北江上游，浈、武、南三水交会处，与湖南省、江西省交界，毗邻广西，素有"三省通衢"之称，韶关是粤北地区的政治、经济、交通、文化中心，也是广东省规划发展的粤北区域中心城市。韶关是粤湘赣交界地区商品集散中心，粤港澳辐射内陆腹地的"黄金通道"。

以小岛为中心，在5km范围内（约十分钟车程）的半径范围，覆盖了小岛老城区周围最密集的中心组团，10km范围内（25分钟车程）辐射到小岛芙蓉新区，涉及韶关城区关键经济成熟地带，故在规划设计中，应该面向本地区人口为主，加强公共交通建设。

现状分析

建筑性质

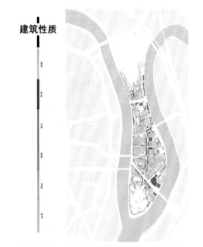

小岛片区内建筑主要以居住建筑为主，沿街商住混合，步行街两侧形成明显的商业轴。行政办公，学校，医院零散分布。

建筑年代

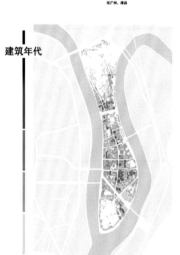

小岛片区内建筑大部分都是80-90年代建造的居民楼，建筑立面破败。历史建筑较少。骑楼建筑也是小片的散步

建筑质量

小岛片区内建筑外观质量大部分都一般或较差建筑立面破败，亟待整修。步行街两侧建筑由于整修建筑外观质量相对良好。遗留的骑楼建筑多数破败，甚至内部结构受损

保护建筑

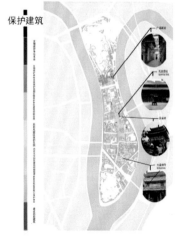

主要的保护建筑、核心保护的历史文化街区大部分位于小岛北部而相对南部的历史建筑散布北部历史建筑更成片但是小岛的历史建筑、历史街区缺乏保护、价值发掘

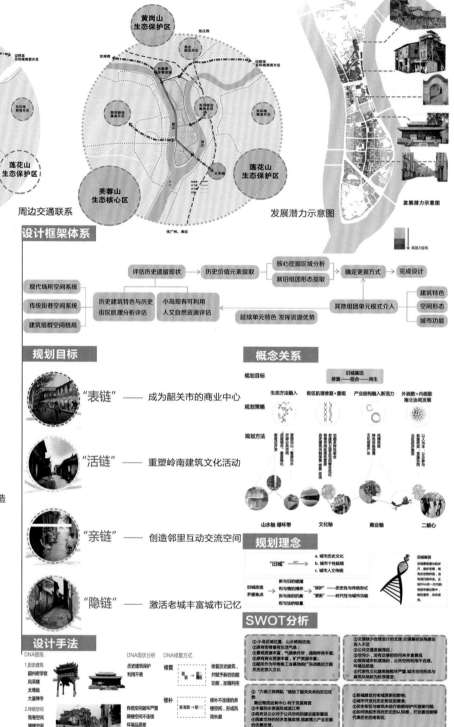

周边交通联系

发展潜力示意图

设计框架体系

规划目标

"表链" —— 成为韶关市的商业中心

"活链" —— 重塑岭南建筑文化活动

"亲链" —— 创造邻里互动交流空间

"隐链" —— 激活老城丰富城市记忆

概念关系

规划理念

SWOT分析

设计手法

DNA提炼　　DNA现状分析　　DNA修复方式

调研总结

1.经过前期调研和分析，我们发现小岛片区北部存在问题较多；

2.相较南部，商业发展、环境品质、功能等各方面有待完善和提高；

3.同时，对北部地区进行着重规划改造，减少基地内部人流趋势过度差异化，并针对以上问题进行集中地规划。

规划结构图

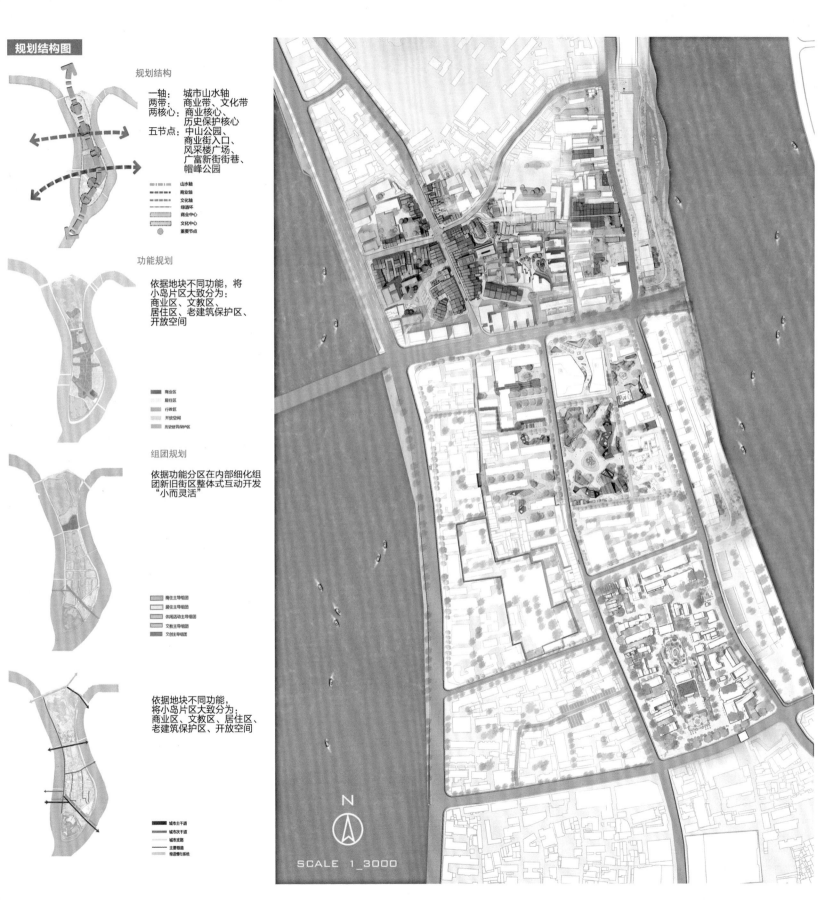

规划结构

一轴：城市山水轴
两带：商业带、文化带
两核心：商业核心、
历史保护核心
五节点：中山公园、
商业街入口、
风采楼广场、
广富新街街巷、
帽峰公园

山水轴
商业轴
文化轴
绿道环
商业中心
文化中心
重要节点

功能规划

依据地块不同功能，将
小岛片区大致分为：
商业区、文教区、
居住区、老建筑保护区、
开放空间

商业区
居住区
行政区
开放空间
历史建筑保护区

组团规划

依据功能分区在内部细化组
团新旧街区整体式互动开发
"小而灵活"

商住主导组团
居住主导组团
休闲活动主导组团
文教主导组团
文创主导组团

依据地块不同功能，
将小岛片区大致分为：
商业区、文教区、居住区、
老建筑保护区、开放空间

城市主干道
城市次干道
城市支路
主要慢道
绿道慢行系统

SCALE 1_3000

N

北部地区规划

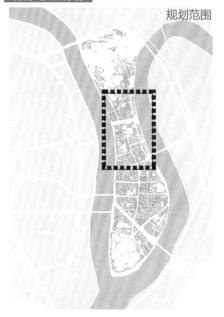

规划范围

规划分区

规划节点

历史建筑街区
滨水平台街区
文化活力街区
商业文化融合区

◯ 主要节点

▬▬ 节点串联

廊道概念设计

通过前期的分析与对老城DNA的提取，我们发现骑楼对于韶关在商业、生活等各个方面都有重要的意义，因此我们对骑楼空间进行了更深入的研究。

我们希望在修复骑楼DNA的基础上，将骑楼空间的功能与形式加以利用，在小岛片区内打造一系列串联老城特色空间的多样性步行系统，形成具有老城记忆的风雨长廊。

同时也通过完善的步行系统，提倡居民与游客步行出行，健康出行的生活理念。

岛内骑楼建筑大多建于清代和民国时期，建筑中的"骑楼"部分是在楼房前半部跨人行道而建筑，在马路边相互连接而形成自由步行的长廊，这种建筑适应于韶关"五月天，孩儿脸，说变就变"的岭南气候。

结构不连续；使用不合理；环境品质差；建筑破败。

步行系统模式

商业区

区域性格 **缤纷**　区域颜色 **红色**　区域目标 **竖向发展**

商业街上的骑楼空间是老城保存最完整的部分。在完善原有的一楼骑楼空间的基础上，将其竖向发展，把商业引入2层，使临街建筑的商业价值得到更好地利用。同时将商业街的广告牌和导引系统融入步行廊道中，改善商业街的界面风貌。

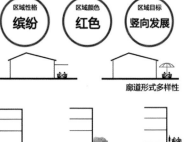

廊道形式多样性

骑楼结构多样性

连接方式多样性

文教区

区域性格 **活力**　区域颜色 **紫色**　区域目标 **打开围墙**

中山路与风采路之间，聚集了多种公共设施，将其定位成为小岛片区的文化活力中心。这片区域最大的特征是"围墙"，不同性质的使用功能，存在不同等级的私密性。"如何在最大程度开放附属公共空间的前提下，保留他们所需要的私密性"是我们处理这片区域的切入点。

公共建筑廊道外延　学校周边儿童活动廊道

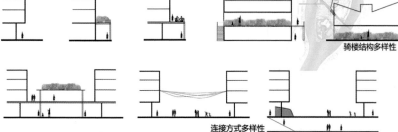

文化广场廊道

公园及滨江节点

区域性格	区域颜色	区域目标
运动	绿色	生态发展

韶关具有其得天独厚的山水格局，然后现阶段，良好的景观资源没有充分的得到利用，我们希望通过滨江节点的打造，使滨江空间重新焕发新的活力，在沿江的空间里，我们可以结合
1.慢行散步空间
2.滨江慢跑道
3.特色自行车道
4.活动空间节点
5.亲水活动空间
打造一条生态滨江慢行廊道。

居住区

区域性格	区域颜色	区域目标
生活	黄色	邻里关系

老城最动人的故事往往就发生在邻里之间、街巷之间。我们希望通过在生活组团内部与组团之间的串联以及邻里空间节点的设计，改善居民的生活环境品质，增设生活、休闲功能空间，唤醒城市中最真实的记忆。
1.邻里空间
2.院落空间节点
3.街巷市场

交通节点

区域性格	区域颜色	区域目标
便捷	深蓝	连贯步行

由于小岛片区位于三江交汇的地方起到一个联通东西两岸的作用。上位规划中将在解放路上搭建高架轻轨，解放路与风度步行街交口处设有轻轨站。通过步行过街天桥，地下通道等方式使岛内步行系统具有连续性，完整性。
1.过街天桥
2.地下通道
3.桥下空间

景观节点设计

依据功能、位置等因素，在小岛片区内规划出多个节点，并用"廊"的设计手法——立体步行系统将节点串联，使人们通过步行便可以穿越公园、商业街、文化活动中心、历史文化建筑等多样的空间。根据节点的重要性将其分级设计。

一级节点：中山公园
商业街入口
风采楼节点
市政府广场
帽峰公园

二级节点：老建筑商业广场
居住邻里空间
百年东街入口
广富新街街巷设计

三级节点：大鉴禅寺街角空间
中山路门口节点改造
第一中学校门口节点改造
北直街街巷改造
邻里空间改造

历史建筑串联

区域性格	区域颜色	区域目标
文化	棕色	历史宣传

通过分析与总结，将具有历史价值的老建筑，空间加以改造，使其焕发新的活力与功能，打开文化建筑的周边空间，形成小尺度的聚集广场。同时通过步行系统的设计，将他们串联起来，起到宣传老城历史与文化的作用

1 广富新街街巷空间
2 风采楼长廊
3 韶州府学宫广场
4 大鉴禅寺街角空间
5 太傅庙观景平台
6 天主堂故居

自建运作
目前该区域自发性建设行为较普遍对于该性为可以作为该社区自下而上更新的动力而不是传统城市规划手段上一味地杜绝制止，推倒重建

"适应性改变"
设立一系列标准，政府、开发商、租建人为主体，与消费者和媒体互动，实现区域空间形式和内容实时更新充满活力

立体步行系统

立体步行系统是把不同性质的步行人流组织到垂直方向的不同平面中去，然后用垂直交通工具使之相互联系，不产生干扰并增加道路通行能力的做法。
1.空中步行系统
2.地面步行系统
3.地下步行系统

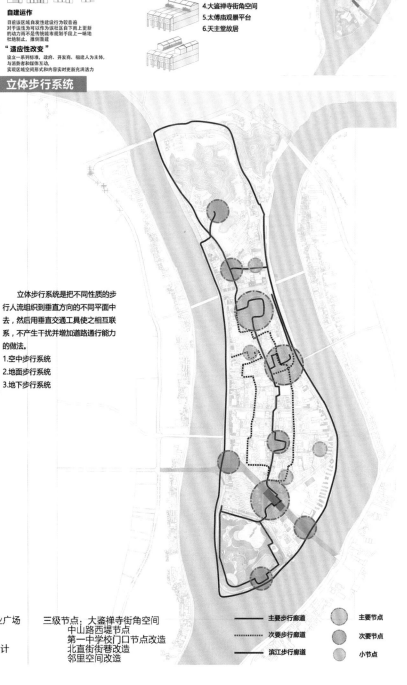

—— 主要步行廊道	主要节点
----- 次要步行廊道	次要节点
— 滨江步行廊道	小节点

设计背景

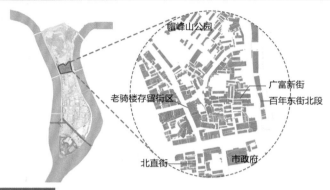

帽峰山公园

广富新街
百年东街北段
老骑楼存留街区
北直街
市政府

SITE

升平路及广富新街建筑是目前小岛现
在存的历史最古老的建筑群,目前也
是小岛控规中的历史风貌保护区

欧式构件
岭南文化
骑楼空间
信箱
市井重新开放享乐
镂空窗
露台与晾衣空间
手工编织

承载着韶关人历史记忆的元素

建筑分析

■ 商务用地
商住用地
二类居住用地
防护绿地
行政办公用地
院校用地

控制性规划

目前场地内功能以居住、商住
混合为主

质量较好
质量一般
质量欠佳

建筑质量

场地建筑质量大多比较差,立面
与结构破坏严重,质量较好的主
要为沿街高层建筑,次之为高层
居民楼

混凝土结构
砖混结构
临时搭建

结构类型

场地内新建筑主要为钢筋混凝土
结构,传统建筑主要为砖混结构,
质量相对较差,主要分布在升
平路以及广富新街、群众巷。

须改造
须拆除

拆除与更新选择

对于街区肌理的改造主要以拆除
与更新为主,主要拆除质量较差
的历史风貌不强的现代建筑,主
要改造修复质量较差的历史风貌
存留较完整的传统建筑。

廊道分析

○ 居民集中区

在小岛片区规划设计中,我们提出了衔古链今的"廊"的概
念,通过廊的联系,我们可以吧建筑的新与旧,人群的新与旧联
系起来,串联和贯通每一个激活的旮旯空间,实现空间利用效率
的最大化。

在具体的场景空间中,通过廊道人们在步行过程中可以实现
经过多样的旮旯空间,整个廊道串联社区与街区,产生偶然的有
趣的联系。

建筑分析

最初,
寻找旧城中的角落
发现记忆的根源

角落空间的开辟
空间的整理整合

加入积极因子,
用廊道串联改造
使记忆连为整体活力渗入老街

通过居民和游客的自建运作
保留原有居民生活方式
再次融入居民平凡生活的老房子

鸟瞰图

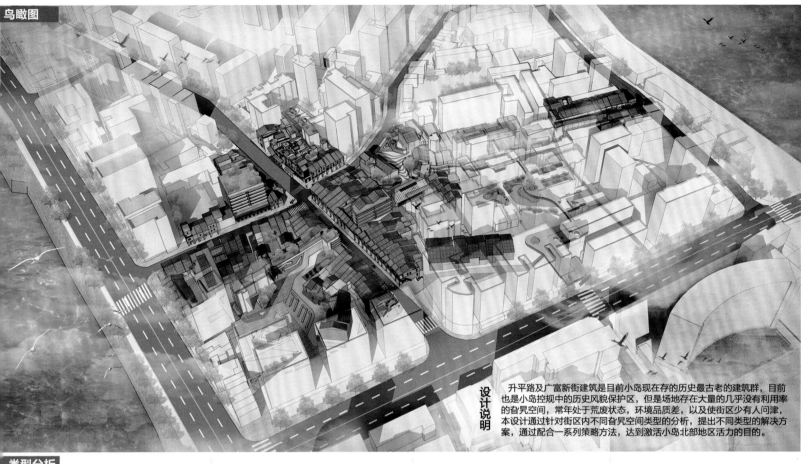

设计说明

升平路及广富新街建筑是目前小岛现在存的历史最古老的建筑群，目前也是小岛控规中的历史风貌保护区，但是场地存在大量的几乎没有利用率的昝晃空间，常年处于荒废状态，环境品质差，以及使街区少有人问津，本设计通过针对街区内不同昝晃空间类型的分析，提出不同类型的解决方案，通过配合一系列策略方法，达到激活小岛北部地区活力的目的。

类型分析

TYPE 1	TYPE 2	TYPE 3	TYPE 4
街区内部 传统建筑拆除后废弃空间	街道骑楼内空间 老街线性空间	居住区中心绿地 高层建筑夹缝空间	骑楼室内空间 广富新街仿西关大屋建筑室内空间

| 50M×30M | 1/2×50M×30M | 3M×50M | 3M×50M×2 | 50M×50M | 40M×15M | 6M×35M | 40M×15M |

| ·集中
·功能的可变性
·功能的多样性
·可参与性
·场地的灵活性 | ·视觉导引
·联系小空间
·保留并且整合原有功能
·考虑建筑改造
与室外空间的联系 | ·立面修复
短暂停留的
休息座椅
·近距离交流的空间
·陌生游客之间
的自然相遇 | ·立面修复与改造
·有活力的创意街区
·牌匾设计以及
立面肌理的多样性保护
·步行道的拓宽 | ·立体步行系统
·居民楼联系
·增加空间利用效率 | ·打通商住楼
底层扩展空间
·实现功能的
立体扩展
·实现更强的
导引功能 | ·骑楼空间二层
的利用
·融入创意空间
·打通内部
·增加横向的联系 | ·西关大屋布局还原
·原居民迁回
·发展特色民宿 |

平面图

总面积：4.53 ha

平面图1:3000

① 展馆	④ 二手物品售卖场地	⑦ 体育活动场地	⑩ 广富新街民宿体验区	⑬ 自建营造区
② 公益街	⑤ 山水广场	⑧ 居民活动平台	⑪ 韶关市第四中学	⑭ 休息平台
③ 小舞台	⑥ 小广场休息区	⑨ 中山市场	⑫ 百年东街北段	⑮ 峰前小学

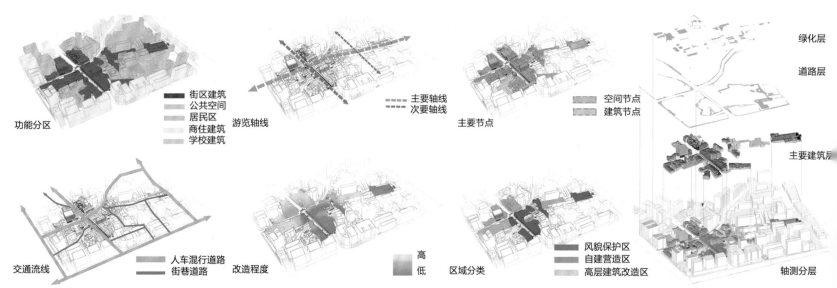

功能分区
- 街区建筑
- 公共空间
- 居民区
- 商住建筑
- 学校建筑

游览轴线
- 主要轴线
- 次要轴线

主要节点
- 空间节点
- 建筑节点

绿化层
道路层
主要建筑层

交通流线
- 人车混行道路
- 街巷道路

改造程度
- 高
- 低

区域分类
- 风貌保护区
- 自建营造区
- 高层建筑改造区

轴测分层

游览路线

路线设定

5:00 AM　7:00 AM　9:00 AM　11:00 AM　1:00 PM　3:00 PM　5:00 PM　7:00 PM　9:00 PM　11:00 PM

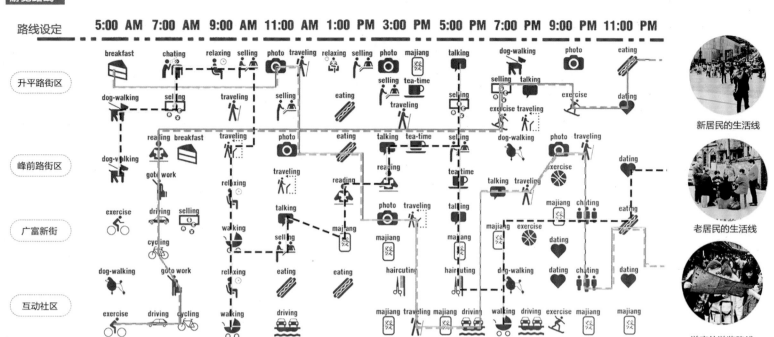

升平路街区

峰前路街区

广富新街

互动社区

新居民的生活线

老居民的生活线

游客的游览路线

节点透视

① 升平路自建营造区域　③ 峰前路与中山路街口景观　⑤ 风貌保留街道
② 广富新街街道景观　　④ 链接小广场区域　　　　　⑥ 街口建筑改造效果

设计背景

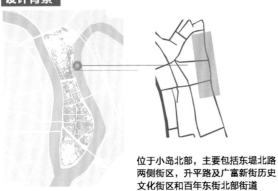

位于小岛北部，主要包括东堤北路两侧街区，升平路及广富新街历史文化街区和百年东街北部街道

文化元素提取

河流文化
吊脚楼文化
历史街区
商贾文化
山水格局
传统骑楼

主要人群活动类型

运动　休憩　娱乐　钓鱼

百年东街位于韶关市浈江区东堤路一带，曾是华南历史上最繁荣的商贸街之一是当年赫赫有名的"老板街"。

历史变迁

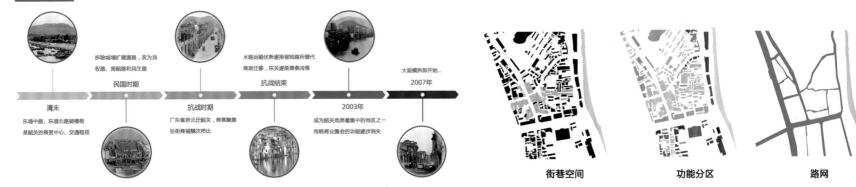

清末
东堤中路、东堤北路骑楼街是韶关的商贸中心、交通枢纽

民国时期
拆除城墙扩建道路，改为民权路、闽韶路和民生路

抗战时期
广东省府北迁韶关，商客聚集沿街商铺鳞次栉比

抗战结束
水路运输优势逐渐被陆路所替代商居迁移，东关逐渐萧条冷落

2003年
成为韶关危房最集中的地区之一传统商业集会的功能逐步消失

2007年
大规模拆卸开始...

街巷空间　功能分区　路网

关键问题

一、核心矛盾点————新与旧

马路两旁新与旧老建筑对比强烈

新楼与断墙破房极不协调

二、建筑密集，传统建筑破损严重

传统建筑及特色建筑岌岌可危

原有历史城市记忆逐渐消失

三、历史保护单位周边环境空间层次混乱、街区没落

广富新街　广州会馆　原有牌楼

四、闲置空地功能欠缺，新商业区人流稀少

道路一侧空地闲置，环境品质低

百年东街北段新街区人流量少

问题思考——新与旧的关系

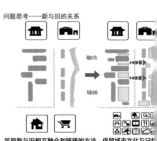

采取新与旧相互融合和链接的方法，保留城市文化与记忆旧街区发展，并增加新街区趣味空间，保留公共空间的受街区，化原有消极空间为积极空间。

问题思考——旧街区楼与楼之间的关系

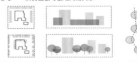

用绿空间做软隔断代替原有围墙，缓解压抑密集感，并将空间进行节点串联

问题思考——老建筑改造

城空间的增加和新功能的加入，保留原有结构，使其在满足一定功能性的同时与周围环境协调发展

设计理念

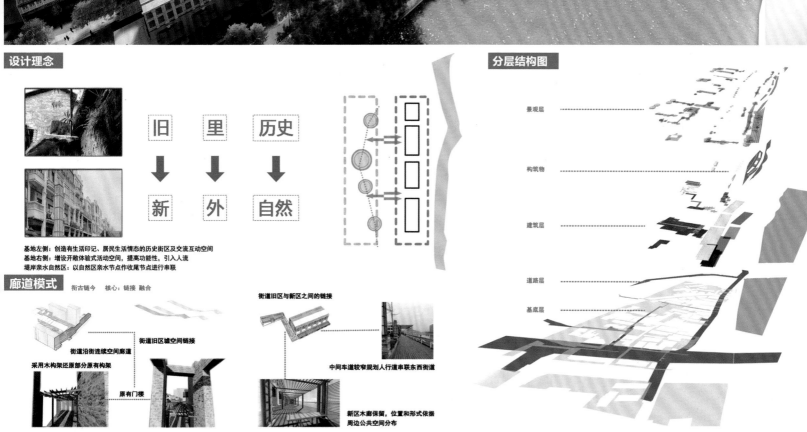

旧 → 新
里 → 外
历史 → 自然

基地左侧：创造有生活印记、居民生活情态的历史街区及交流互动空间
基地右侧：增设开敞体验式活动空间，提高功能性，引入人流
堤岸亲水自然区：以自然区亲水节点作收尾节点进行串联

廊道模式

衔古链今　核心：链接　融合

街道沿街连续空间廊道

采用木构架还原部分原有构架

街道旧区墙空间链接

原有门楼

街道旧区与新区之间的链接

中间车道较窄规划人行道串联东西街道

新区木廊保留，位置和形式依据
周边公共空间分布

分层结构图

景观层

构筑物

建筑层

道路层

基底层

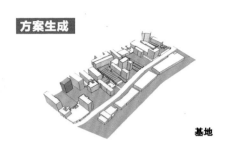

基地

墟空间塑造

水岸关系

慢行系统

立面改造

廊的链接

总平面图

① 通桥　② 看台座椅　③ 体验活动空间　④ 舞台　⑤ 休闲阳伞区　⑥ 滨江步行道　⑦ 滨江自行车道　⑧ 景观致岸　⑨ 石凳座椅　⑩ 滨江木平台　⑪ 滨江木连廊　⑫ 卵石座椅　⑬ 健身休闲区　⑭ 纪念公园区　⑮ 广州会馆门楼
⑯ 屋顶花园　⑰ 木构架连廊　⑱ 停留广场　⑲ 人行道　⑳ 广富新街　㉑ 地下停车场　㉒ 历史街区介绍公园　㉓ 庭院　㉔ 改造建筑

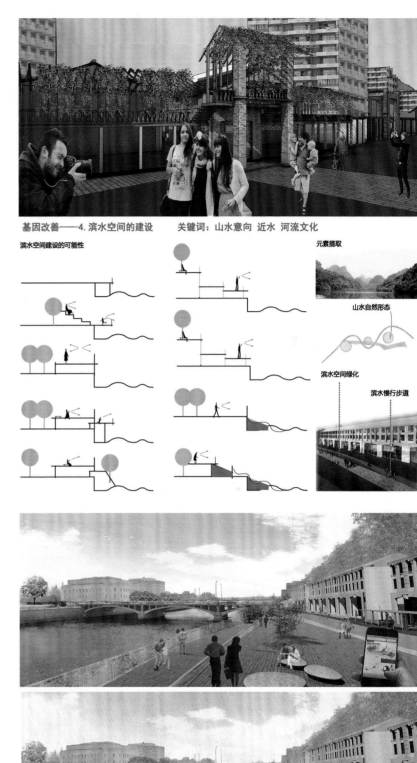

解决策略 基因植入 基因重组 基因修补 基因改善

基因植入——1.体验空间的建设 关键词：包容性 引发公共空间对话 场所性 流动性

多种活动可能性建构

创意市集 摄影展

手工艺展

民俗活动 广场舞

改变传统原有单一公共空间

单一空间 → 层次化空间

结合舞台、媒体、看台座椅等设施形成多角度多可能性体验活动空间

人群需求

慢行系统的加入

基因植入——2.公共空间的穿插 关键词：开放空间营造 公共设施 慢行系统 垂直绿化

功能需求： 居民生活空间 公共活动空间

高楼拥挤空间 梳理秩序

沿街空间 绿空间的增加

将停车占地改造为开放步行体验街区引入活力点和相关价值与功能，使其富有街道空间特色并串联相关街道两侧景观节点，增加连续性。并结合相关使用功能，梳理高楼拥堵空间，创作互动交流空间。

基因修补——3.老建筑改造 关键词：老建筑 重获新生 墟空间 新功能

老建筑改造：观景台

原有文物保留：广州会馆

原有文物保留：广富新街

老建筑改造：小型活动中心

老建筑改造：历史展馆

赋予新的功能使其得以保留和利用

从被拆除的老建筑中提取材料及元素进行纪念性构筑物公共空间的设计引发人们对老建筑拆毁的追思

从原有历史骑楼结构以及吊脚楼的结构为出发点进行老建筑改造

基因改善——4.滨水空间的建设 关键词：山水意向 近水 河流文化

滨水空间建设的可能性

元素提取

山水自然形态

滨水空间绿化

滨水慢行步道

1	文化广场入口	15	公交停靠站
2	雕塑喷泉广场	16	市民活动中心
3	文娱空间	17	宾馆休息区
4	娱乐空间	18	政府办公广场
5	广场介绍	19	街角广场
6	自行车停放	20	社区花园
7	儿童活动空间	21	北直街节点
8	居民健身空间	22	街道休息区
9	雕塑草坪	23	骑楼保护建筑
10	文化办公楼	24	北直街入口
11	中庭廊道	25	学校入口花园
12	办公楼前广场	26	围墙活动空间
13	居民茶室	27	临时停车位
14	茶室花园	28	地下停车场入口

规划面积：	4 HA	绿化面积：	1 HA
设计面积：	2.3 HA	绿化率：	60%

设计说明

基地位于小岛片区中部，紧邻商业步行街与居住区，基地内有多处公共设施建筑，使城市的文化教育区，也是城市功能的过渡空间。

通过研究韶关的文化，提取出六祖慧能的"契会——领悟、交流"在这一文化点，引申出"砌汇"这一概念作为本方案的设计理念。

通过结合区域特征—围墙，"砌"造有趣的场所空间，达到汇集历史与创新、自然与人文、居民与游客的效果。将这片区域打造成为韶关的文化活力点，唤醒城市记忆。

前期分析

基地位于小岛片区的中部，中山路与风采路之间，聚集了学校、行政、文化活动、医院等公共设施，是小岛片区的文化活力中心。

基地北面是传统居住区，南面是以风度步行街为主的商业区，东侧为东堤滨水空间，西侧为新建的百年东街商业街以及滨水活动空间空间，因此这片区域起到城市功能的过度，是城市中的小型绿地空间。

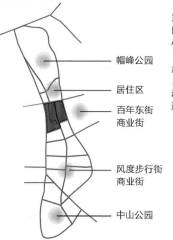

帽峰公园
居住区
百年东街商业街
风度步行街商业街
中山公园

政府办公楼
文化办公楼
活动中心
粤北医院
第一中学

人群分析

儿童
游戏、玩乐

老年人
聊天聚会
晒太阳

学生
放学后的活动场地
午餐座椅

周边居民
生活娱乐 文娱、打牌、广场舞
运动健身

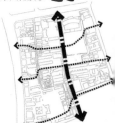

办公人员
午餐座椅
休憩空间

游客
休息节点
城市文化展示

设计理念

砌 · 汇
搭建场所　汇集人群

"让豁然契会，遂执侍左右一十五载。"
—— 唐 惠能《坛经·机缘品》
契会——领悟，领会

通过搭建有趣的场所空间，并赋予其新的功能，来达到汇聚人群的目的，为市民提供更加便利的生活、娱乐空间。同时融入当地传统文化元素，将提取的文化元素渗透到市民的生活中去，使人们在不知不觉中领悟文化的魅力。

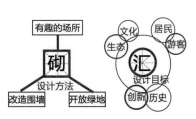

有趣的场所
砌
设计方法
改造围墙　开放绿地

文化
生态
居民
游客
汇
设计目标
创新　历史

方案生成

从基地调研开始，发现问题并提出解决策略，再依次规划—景观—建筑的顺序，诸葛层次进行设计，并不断的进行反思。使设计更符合区域特性，进行可持续性地发展。

Step 1　围墙多，开放空间分隔
Step 2　拆除部分围墙
Step 3　整合分散的开放空间
Step 4　规划结构设计

Step 5　道路交通规划

城市快速道路
一级道路
二级道路
支路
P 临时停车位
P 地下停车场
R 公交车站点

Step 6　用地性质

文化办公
居住区
商住混合
广场绿地

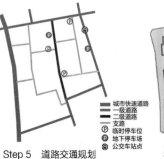

Step 7　公共建筑改造

Step 8　景观节点设计

Step 9　风雨长廊串联节点

景观结构

景观轴线

沿着风度北路南北向为主要景观轴线，起到串联南北、商业区与居住区的作用。同时利用街道景观将人流引向北部。东西向为次要景观轴，通过植栽、铺装等景观手法，加强东西堤的联系，是区域整体发展。

━·━·━ 主要轴线
············ 次要轴线

景观节点分布

对原有的公共设施附属绿地整合改造。依据周边建筑的功能，对公共空间进行合理的规划与功能分配。

▆ 主要景观节点
▆ 次要景观节点

Ⅰ 文化广场 Ⅱ 办公广场 Ⅲ 街角广场 Ⅳ 居住区广场
Ⅴ 茶室广场 Ⅵ 屋顶花园 Ⅶ 景观廊道

景观节点结构

以文化广场为主要节点串联这片区域，剩余的空间分布于整个场地，合理分配公共空间，通过廊道串联公共空间。

◎ 主要景观节点
○ 次要景观节点

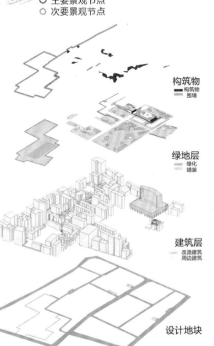

构筑物
▆ 构筑物
▆ 围墙

绿地层
▆ 绿化
▆ 铺装

建筑层
▆ 改造建筑
▆ 周边建筑

设计地块

廊道设计

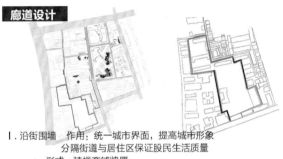

Ⅰ.沿街围墙 作用：统一城市界面，提高城市形象
分隔街道与居住区保证股民生活质量
形式：骑楼商铺牌匾
导引系统

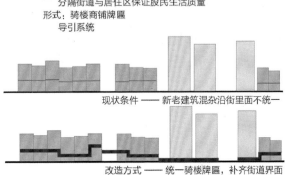

现状条件 —— 新老建筑混杂沿街里面不统一

改造方式 —— 统一骑楼牌匾，补齐街道界面

Ⅲ.景观构筑物

作用：形成多个灰空间，遮阴避雨的"廊道"，宣传城市文化，丰富空间形式
形式：将围墙立体化，形成丰富变化的空间，利用场地形成多种功能的空间，满足居民生活的便捷和娱乐性。

生成过程

▆

step1 围墙

step2 折叠

step3 围合空间

step4 设计构筑物材质

Ⅱ.学校围墙改造 作用：保证学校的安全性、独立性
丰富空间的形式（活动、植被、休憩）
形式：面对学校（活动空间、宣传栏、种植墙）
面对居住区（储物空间、休息座椅、
自行车停放、种植墙）

▆ 1.与学校操场相邻，以学校的使用为主要空间设计依据。

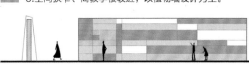

休息空间　　种植架　透气窗小型足球门

▆ 2.与老建筑骑楼相邻，以居民的生活为主要空间设计依据。

娱乐、打牌　　自行车停放　　休息座椅

▆ 3.空间狭窄、离教学楼较近，以植物墙设计为主。

材质分解分析

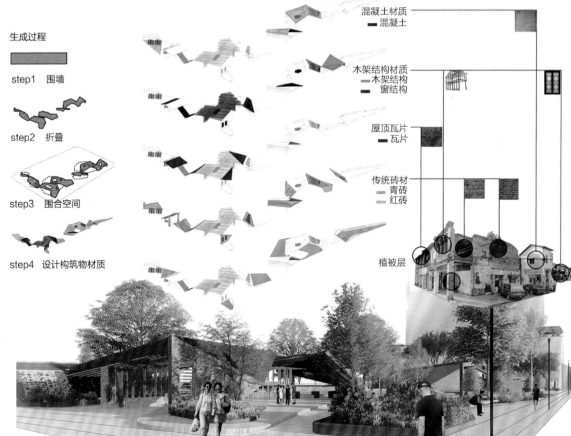

混凝土材质
▆ 混凝土

木架结构材质
▆ 木架结构
▆ 窗结构

屋顶瓦片
▆ 瓦片

传统砖材
▆ 青砖
▆ 红砖

植被层

文化广场

- 休息空间
- 艺术装置草坪
- 运动健身器械
- 儿童活动场地
- 花坛
- 入口小广场
- 雕塑喷泉
- 娱乐空间
- 宣传栏
- 自行车停放点
- 临时停车位

N

SCALE 1_3000

儿童活动区

休闲娱乐区

设计说明

　　广场位于文教区的中间位置，与文化办公和活动中心相邻，在该地块内起到一个整合区域空间的作用，服务于周边公共建筑与社区居民，是人流的汇聚点。因此文化广场作为这片区域最主要的景观节点。

经济技术指标

地块面积：	10640㎡
绿化面积：	7400㎡
绿化率：	70%

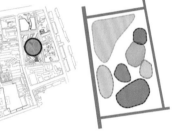

功能分区
- 艺术装置草坪
- 雕塑喷泉广场
- 休憩娱乐区
- 儿童游乐区
- 运动锻炼区
- 入口广场

交通流线
- ▲ 主要入口
- △ 次要入口
- ▬ ▬ 主要路径
- ┄┄┄ 次要路径

景观节点
- ◎ 主要节点
- ○ 次要节点
- ━━ 主要轴线
- ━━ 主要轴线

景观廊道&屋顶花园

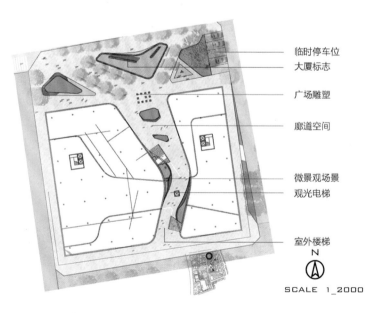

- 临时停车位
- 大厦标志
- 广场雕塑
- 廊道空间
- 微景观场景
- 观光电梯
- 室外楼梯

N

SCALE 1_2000

经济技术指标

面积：2800㎡

绿化率：60%

功能：办公休息空间、活动空间、种植池

办公广场

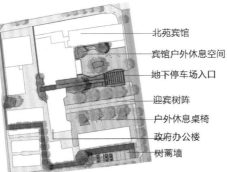

- 北苑宾馆
- 宾馆户外休息空间
- 地下停车场入口
- 迎宾树阵
- 户外休息桌椅
- 政府办公楼
- 树篱墙

N
SCALE 1_4000

经济技术指标
面积：3000㎡
绿化率：40%
功能：休息空间、入口景观、地下停车

居住区广场

- 入口广场
- 楼间空间
- 北直街休息空间
- 休憩廊架
- 种植池
- 街角空间
- 运动器械

N
SCALE 1_4000

经济技术指标
面积：3600㎡
绿化率：40%
功能：休憩空间、娱乐活动、运动健身、种植空间

街角广场

- 临时停车位
- 消防车道
- 街角广场
- 娱乐休闲空间
- 沿街座椅

N
SCALE 1_2000

经济技术指标
面积：921㎡
绿化率：60%
功能：交通缓冲空间、休息活动、装置草坪

茶室花园

- 树池
- 花坛
- 树下休息空间
- 雕塑喷泉
- 休息座椅
- 公交车停靠站
- 骑楼改造-茶室

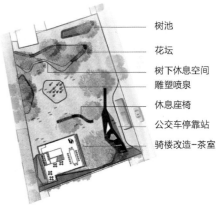

N
SCALE 1_2000

经济技术指标
面积：2380㎡
绿化率：60%
功能：社区茶室改造、公车站停靠点、交通节点

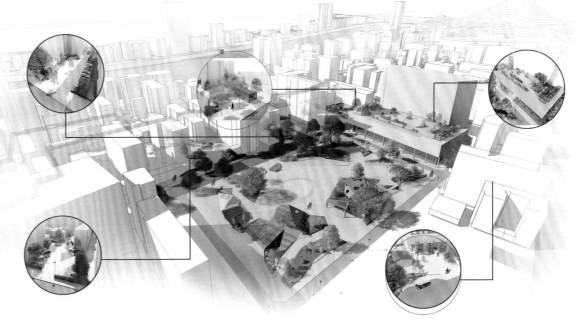

总平面图

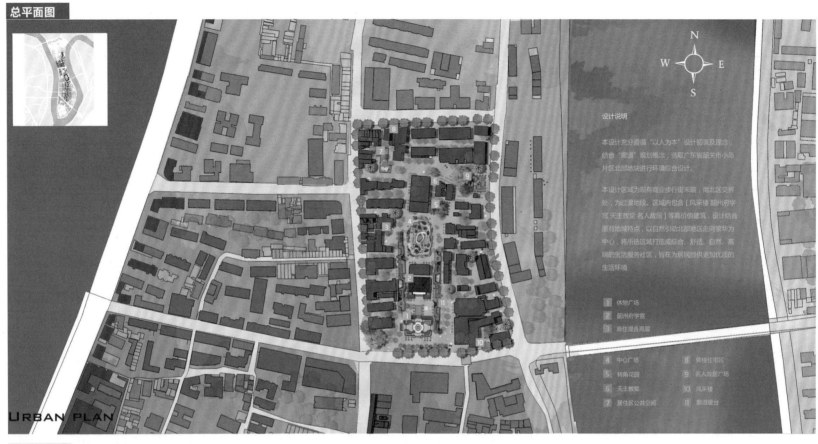

URBAN PLAN

设计说明

本设计充分遵循"以人为本"设计初衷及理念，结合"廊道"规划概念，选取广东省韶关市小岛片区北部地块进行环境综合设计。

本设计区域为现有商业步行街末端，南北区交界处，为过渡地段，区域内包含[风采楼 韶州府学宫 天主教堂 名人故居]等高价值建筑，设计结合原有地域特点，以自然引动北部地区走向繁华为中心，将所选区域打造成综合、舒适、自然、高端的生活服务社区，旨在为居民提供更加优质的生活环境

1 休憩广场
2 韶州府学宫
3 商住混合高层
4 中心广场
5 转角花园
6 天主教堂
7 居住区公共空间
8 院域住宅区
9 名人故居广场
10 风采楼
11 廊道堤台

廊道分析 为结合本次规划主题"廊"，打造社区内流线空间，为居民丰富生活空间层次感，设计了两条廊道生态公共环境系统

节点鸟瞰

节点设置采用局部与整体呼应结合的形式以骑楼元素生成设计体块根据不同环境地形特点，打造独具特色的生活节点

空间分析

公共空间设计以人为本，采用当地主要的生活元素，因地制宜设计与环境大幅度结合的公共空间及公共服务设施

公共空间设计以人为本，采用当地主要的生活元素，因地制宜与环境大幅度结合的公共空间及公共服务设施

布局分析

HIGH RISE BUILDINGS AND LOW RISE BUILDINGS 高层建筑与低层建筑

■ 高层建筑
■ 低层建筑

PROTECTION OF BUILDINGS AND SCENIC SPOTS 保护建筑与景区节点

THE ARCADE BUILDING 骑楼建筑

THE DEMOLISHED BUILDINGS 拆改建筑

STREET DESIGN IS THE IMAGE OF THE CITY, STREET WITH THE SURROUNDING BUILDINGS AND SPACES COMBINE TO FORM A CITY OF PERFECT EXTERNAL VISUAL ENVIRONMENT.

功能分区

绿化分析

交通流线

景观绿化

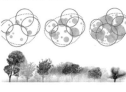

景观植物绿化部分作为设计中的重点，采用多种种植方式结合的模式为小岛片区打造生态环境系统

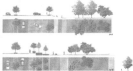

张晨　城市规划

"一场毕设，一场梦"。现在回想起这三个月的毕业设计，一路走来，感受颇多，收获的不仅仅是知识，还有大家的友谊。

五年的专业学习沉淀在这短短毕业设计里，可以说这个毕设是不断反复的，有过失落，有过喜悦，有过成功，也有过失败，但这些都已经不重要了，重要的是这一路走来，我历练了我的心志，考验了我的能力，证明了我自己，也与各位联合毕设的同学们结下了深厚的友谊。

感谢各位老师和同学，也感谢广东省规划院给我们提供这样的平台，这个毕业设计注定不会平凡。必然是我人生中灿烂的一笔 。

昆明理工大学
Kunming University of Science and Technology

刀晓庆　城市规划

我们相逢在陌生时，分手在熟悉后。明天，我们要到生活的星图上去寻找自己的新位置，让我们用自己闪烁的星光相互问讯、表情达意。 用智慧描绘生命的画板，用勤奋书写人生的坎坷，用汗水浸润青春的旅途。我们的明天不一定会灿烂辉煌，却一定充实无悔!感谢这次毕设在我生命中出现过的人和事，这将成为我永生难忘的经历!

范涛　城市规划

对于城市公共空间的关注贯穿人类整个城市建设的历史。大量早期的城市建设带有很大的自发性，表现为一种围绕人在城市生活的基本需求而展开的形态。广场与街巷、私人空间与公共空间之间的关系产生呈现一种自然融合的状态。本次6+1联合设计，让我深刻地了解了长时间的实践检验使我们意识到"自下而上"的空间形态通常具有强烈的人本气质与城市空间趣味性，往往是一个城市区别于别的城市的个性所在。但由于城市的高度发展，涵盖领域广大，"自上而下"的科学规划必不可少。这些对于能营造具有城市公共空间价值的商业设计具有指导意义。

包富诚　城市规划

这是大学期间的最后一个设计，很高兴能够参加"6+1联合毕业设计"。在三个月的时间里认识了很多的朋友，得到很多老师的指导，也经历了很多的第一次。虽然在我们的设计中有很多的遗憾和不完美，但是我还是很高兴在这个设计中收获了很多，并且对这个行业有了很多新的认识。也意识到自己有很多的不足，希望以后在工作中能够更好地完善自己。感谢广东省院的支持，谢谢各位老师耐心的指导，谢谢陈桔老师对我们的付出，也谢谢各个学校的伙伴们，从你们身上我学到了很多很多。这次毕业设计也成为了我人生中最难忘的经历之一。

曾永康　城市规划

很幸运参加此次"6+1"联合毕业设计，通过此次毕设，我学到了很多。短短3个月的时间，本科求学路上的最后一个设计，就快要结束了，虽然感伤，但也很幸福。联合毕设作为大学的最后篇章，使我受益匪浅。不仅仅是学校团队之间的竞争，更是我们互相学习的一个机会，从场地调研开始，包括学生角色扮演评委、艺术品制作、礼品互赠等环节，到不同的城市游览体验不同学校之间的校园生活，感受不同城市背景所造就的校园文化，和来自五湖四海的同学们结下深厚的友谊。逐渐地，毕设竞赛结果变得没那么重要，交流和成长才是我们最大的收获。

感谢各位老师和领导的支持与陪伴，在其中学到了很多知识，也对这个行业有了进一步的认识，也感谢各位外校同学们的互相帮助与学习，最后特别感谢陈桔老师，一直给予我们帮助，让我们的大学生活能够有一个完满的结局。

设计题目：广东省韶关市小岛片区概念规划及局部地段城市设计

指导教师：陈桔

作者：张晨 包富诚 刀晓庆 范涛 曾永康

学校：昆明理工大学

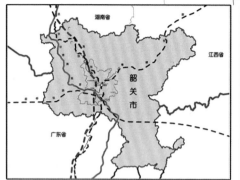
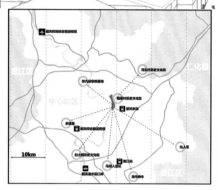

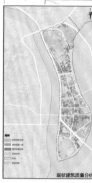

设计说明：

　　基地位于广东省北部，北江上游，浈江、武江、北江三江交会处，与湖南省、江西省交界，毗邻广西，素有"三省通衢"之称，规划范围位于韶关老城区，小岛目前是韶关市政治、文化、经济、交通中心。规划面积为2.11平方千米。

　　设计场地位于韶关市老城中心，小岛片区风度路步行街一直以来是韶关的中心商业街，在城市的发展过程中，小岛片区局部地段居住条件变差，追求快速的经济建设导致对文化的忽略，削弱人们对过往记忆的关注。

　　设计场地位于韶关市老城中心，小岛片区的特点:城市记忆丰富，有老城传统商业街，以及传统生活的延续性。所以，在小岛片区，非常自然的，我们要以"生活在韶关"为理念做这次设计，目的在于，使老城重新焕发活力，以新姿态融入现代社会发展中的同时，小岛依然保有它原有的特性，它的文化积淀，历史记忆，生活方式，以及向未来展示的活生生的过去。

历史沿革

人群活动

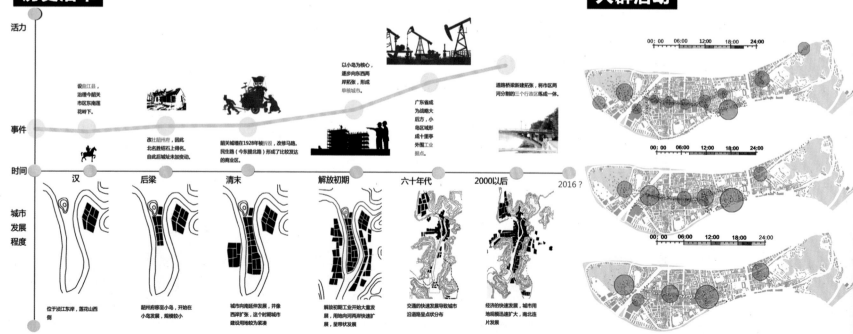

广东省现代制造业基地，旅游服务目的地和历史文化名城，位于城市主轴韶关市主城中心。

推进"三旧"改造，定位为韶关市商业中心、文化中心，依托良好的滨江环境和历史文化资源，发展商业服务、文化旅游等

部分行政办公职能将外迁至芙蓉新城，居住职能往西河、东河等周边片区外溢，工业全部外迁。

理念提出

分析小岛居民的生活路径、生活需求、生活方式等，融合"温暖的城市"闲适、健康、有乡愁的设计主题，站在本地居民的角度通过营造社区、延续文化、构建绿环的方式，塑造一个令韶关人满意，令外地人向往的小岛

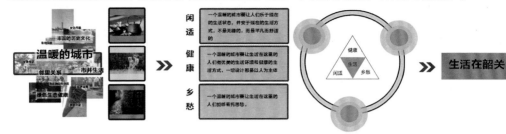

温暖的城市
非富的历史文化
邻里关系
市井生活
绿色生态健康

闲适
健康
乡愁

一个温暖的城市能让人们乐于于现在的生活状态，并安于现在的生活方式，不是无趣的，而是平凡而舒适的

一个温暖的城市能让生活在这里的人们有优美的生活环境和健康的生活方式，一切设计都是以人为主体

一个温暖的城市能让生活在这里的人们都有托寄乡愁。

≫ 生活在韶关

健康
生活
闲适 乡愁

理念解析

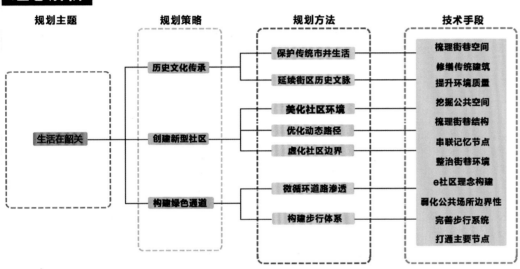

规划主题	规划策略	规划方法	技术手段
	历史文化传承	保护传统市井生活 / 延续街区历史文脉	梳理街巷空间 / 修缮传统建筑 / 提升环境质量 / 挖掘公共空间 / 梳理街巷结构 / 串联记忆节点 / 整治街巷环境 / e社区理念构建 / 弱化公共场所边界性 / 完善步行系统 / 打通主要节点
生活在韶关	创建新型社区	美化社区环境 / 优化动态路径 / 虚化社区边界	
	构建绿色通道	微循环道路渗透 / 构建步行体系	

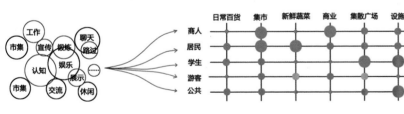

土地再开发评价

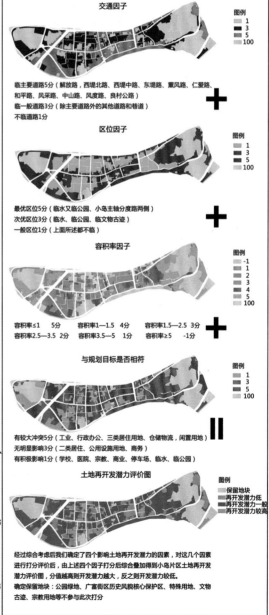

交通因子

图例
1 3 5 100

临主要道路5分（解放路、西堤北路、西堤中路、东堤路、熏风路、仁爱路、和平路、风采路、中山路、风度路、良村公路）
临一般道路3分（除主要道路外的其他道路和巷道）
不临道路1分

区位因子

图例
1 3 5 100

最优区位5分（临水又临公园、小岛主轴分度路两侧）
次优区位3分（临水、临公园、临文物古迹）
一般区位1分（上面所述都不临）

容积率因子

图例
-1 1 2 3 4 5 100

容积率≤1 5分   容积率1—1.5 4分   容积率1.5—2.5 3分
容积率2.5—3.5 2分   容积率3.5—5 1分   容积率≥5   -1分

与规划目标是否相符

图例
1 3 5 100

有较大冲突5分（工业、行政办公、三类居住用地、仓储物流、闲置地）
无明显影响3分（二类居住、公用设施用地、商务）
有积极影响1分（学校、医院、宗教、商业、停车场、临水、临公园）

土地再开发潜力评价图

图例
保留地块
再开发潜力低
再开发潜力一般
再开发潜力较高

经过综合考虑后我们确定了四个影响土地再开发潜力的因素，对这几个因素进行打分评价后，由上述四个因子分别综合叠加得到小岛片区土地再开发潜力评价图，分值越高则开发潜力越大，反之则开发潜力较低。
确定保留地块：公园绿地、广富街区历史风貌核心保护区、特殊用地、文物古迹、宗教用地等不参与此次打分。

SWOT分析

优势

区位：对接珠三角的重要节点城市
交通：韶关老城交通枢纽，距离韶关火车站仅300米
文化：文化多元、韶关老城文化古迹集中分布于小岛、民间文化还有遗留
景观：三江环抱、地理位置独特
商业：韶关市老城商业中心，商业氛围浓厚文化特色鲜明；地块历史悠久；外部环境优美；肌理骨架完整；历史文物众多；周边联系紧密；发展潜力巨大；

机遇

政策：广东省历史文化名城，文化保护规范出台
区域：三省交界，便利的交通带来良好的市场
经济：泛珠三角发展轴枢纽，经济区位优势明显
景观：滨江带开发潜力巨大旅游产业兴旺，消费水平增加；引入园博绿道；周边景点成熟；外部交通发达；区域联系紧密；开发前景广阔；

劣势

空间：公共空间不足，特色记忆空间分布不连续
建筑：历史建筑保护不力，骑楼质量较差，连续性被割裂
街巷：围墙分割出的街巷、缺少生活气息、街巷环境较差、沦为社会停车场
环境：环水却不亲水、绿带割裂不连续
交通：东西向的跨江交通和解放路的不合理规划造成交通拥堵总体规划滞后；上位引导无力；内部交通无序；产业发展单一；文物保护不力；基础设施薄弱；活动空间局促；

挑战

肌理：现代商业大体量建筑破坏古城对城市界面造成威胁
文化：历史文化与现代建筑硬接触，文化基因濒临断裂
建筑元素：传统建筑元素濒临消失，建筑组群体合凌乱
人居活动：人群结构多元但生活形式单一，居民活力不足
老城区繁忙；竞争压力大；景点繁多；区域竞争力小；区域一体；交通联系薄弱；人流迁移困难；

规划结构

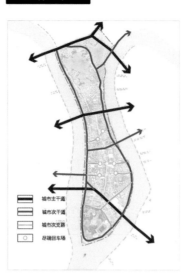

商业发展轴
文化延伸轴
绿色步行环
主要结构核心
主要绿环节点

道路分析

城市主干道
城市次干道
城市次支路
尽端回车场

绿地景观

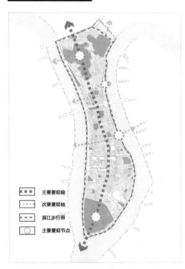

主要景观轴
次要景观轴
滨江步行带
主要景观节点

步行系统

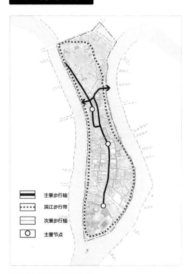

主要步行轴
滨江步行带
次要步行轴
主要节点

开发强度分析

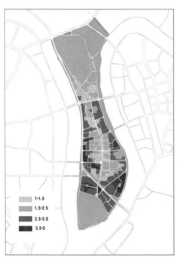

1-1.5
1.5-2.5
2.5-3.5
3.5-5

土地利用规划图

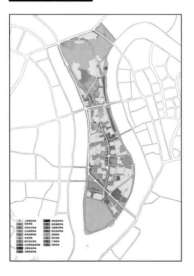

① 太傅庙
② 广州会馆
③ 市府码头公园
④ 广东新祠
⑤ 风采路历史街区
⑥ 望京门（恢复）
⑦ 游客服务中心
⑧ 市民休闲公园
⑨ 韶关市第一中学
⑩ 学宫大成殿
⑪ 风采楼
⑫ 风采楼
⑬ 滨海市民节园
⑭ 风采广场
⑮ 九曲巷传统风貌街区
⑯ 商业美食城
⑰ 民间技艺交流中心
⑱ 社区活动中心
⑲ 社区市场
⑳ 大雄神寺
㉑ 游客咨询中心
㉒ 特色休憩园
㉓ 特色商业街
㉔ 中山公园
㉕ 开放式体育馆
㉖ 休闲码头
㉗ 滨水自由市场
㉘ 亲水平台
㉙ 水岸观景平台
㉚ 通天塔

历史沿革

建立清平市场
（今中山市场）

清府海禁，唯有广州对外通商，广府商民到靠近浈江的东关建屋开铺

广府商民捐资建广州会馆

广府富商出资建广富新街

东街商铺满额，店铺扩建至太傅庙

因为帽子峰顶高射炮火力圈保护范围广，致使街区在日军炮火中保留下来

由于水上交通逐渐被陆路交通取代，街区商贸走向衰败，至今仍不温不火

？

始建时期　形成时期　鼎盛时期　衰败时期　未来

明嘉靖二十五年（1546年）

清乾隆二十二年（1757年）

清咸丰十年（1860年）

民国四年（1915年）

民国初期

抗战时期

2016年

现状分析

现状分析评估

图例
居住建筑
底商住宅
教育建筑
传统商住民居
工业建筑
商业建筑
历史建筑
医疗建筑
服务设施类建筑
仓储类建筑
行政办公建筑
废弃建筑

环境品质较好
环境品质一般
环境品质较差

建筑功能图
建筑综合评价
建筑质量分析
建筑高度分析
建筑风貌分析

用地现状分析
建筑层数分析
容积率分析

设计理念提出

忆韶关传统生活

古　融合　今

历史文脉　区别联系　多元混合

商贾文化
传统骑楼商业街区
市井文化
会馆文化

新旧建筑融合
新旧街巷融合
功能融合
文脉延续

手工艺社区
艺术社区
青年交流中心
文化广场

街区现状资源评估　街区历史文脉梳理　街区传统资源提取

历史文脉传承

街区现存建筑评估　街区环境状况评估　街区居民需求

慢行交通贯穿

建筑空间策略　街巷空间策略　公共开敞空间的策略

基地问题

升平路历史街区两侧的骑楼建筑质量较差，外观破旧，甚至有一部分已经倾颓，现存的传统骑楼大多为商住类建筑，但是街区环境较差虽然有一些传统商业，但是商业气息并不十分浓厚，也没有吸引太多的人到此。

1.升平路历史街区逐步衰败

吊脚楼、骑楼、广州会馆和趟拢门曾是老韶关人们的美好回忆，是这座城市的历史，但是现在仅存的就是骑楼、广富新街和广州会馆的牌坊，其他历史已无处可寻。历史文化正在逐渐被削弱，城市记忆正在消失。

2.历史建筑倾颓，城市文脉断裂

3.公共空间缺失，与周边地块联系不紧密

广富新街及升平路历史街区拥有一些开阔的空间但是都没有被很好的作为人们交流活动的空间而是成为停车场等。地块以北有小岛森林——帽峰山公园，南有风度中路。但却没有一个较为完整的步行系统将他们联系起来。

产业结构单一，以传统商业为主。商业的业态不突出，只是有一条特色的市井商业街，虽然有传统骑楼的特色优势，但是在与风度路的现代中心商业区的比较中，还是不能够独树一帜、脱颖而出。

4.产业结构单一，商业特色不突出

更新策略

1.改善历史街区空间格局

2.梳理街区的历史文脉，重塑街区历史记忆空间

3.延续街区景观渗透，提升小岛环境品质

4.植入公共空间，提升街区活力

社区综合市场透视图

片区策略分析

点 美化社区环境 —— 提升建筑质量
挖掘公共空间

线 优化动态路径 —— 梳理街巷结构
串联记忆节点
整治街巷环境

面 虚化社区边界 —— E社区理念的构建
弱化公共场所的边界性

创韶关新社区生活

寻找基地中活力点，记忆点，包括大多数开放或者半开放的公共节点

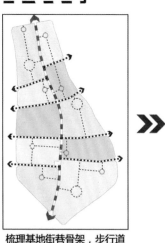

梳理基地街巷骨架，步行道串联社区活力点、开放空间或者绿地，形成循环系统

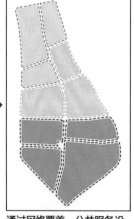

通过网络覆盖，公共服务设施半径覆盖等方式形成无固定边界的新型社区

节点更新策略

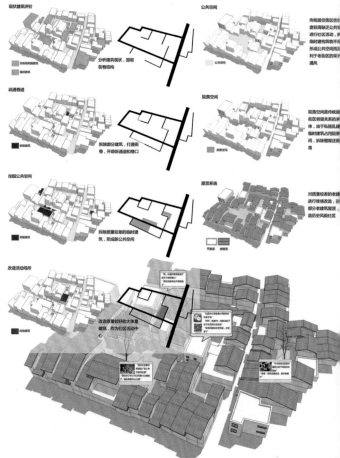

现状建筑评价

疏通巷道

挖掘公共空间

改造活动场所

公共空间

院落空间

屋顶系统

110

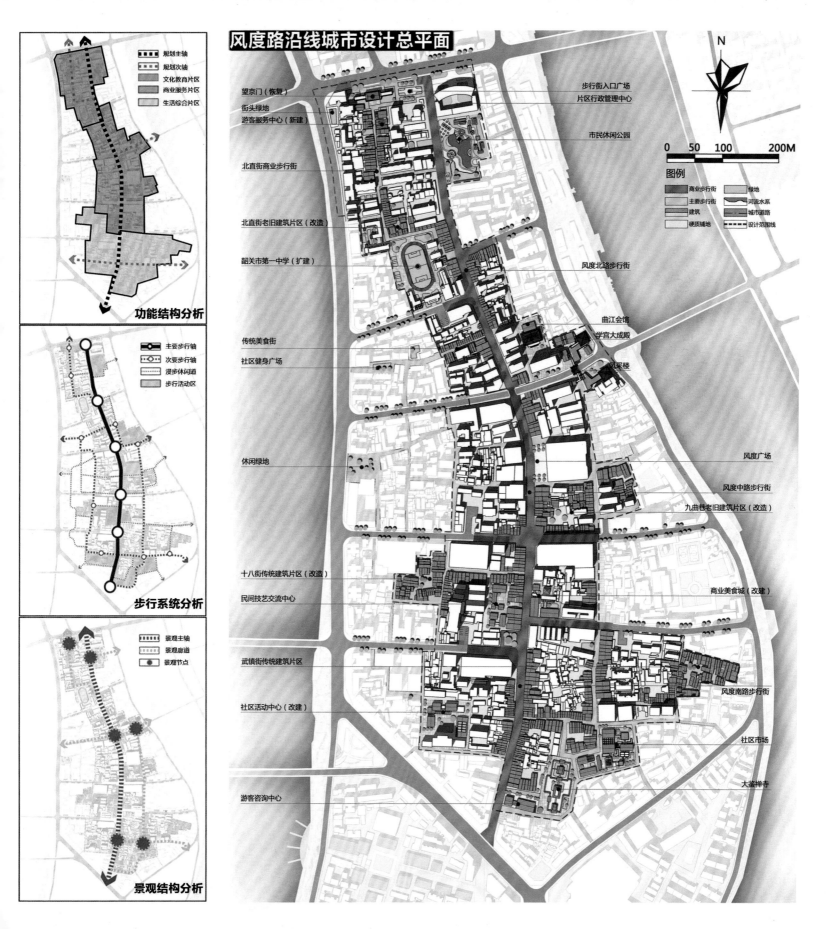

风度路沿线城市设计总平面

功能结构分析

- ▪▪▪▪ 规划主轴
- ▪▪▪▪ 规划次轴
- 文化教育片区
- 商业服务片区
- 生活综合片区

步行系统分析

- ● 主要步行轴
- ◉ 次要步行轴
- 漫步休闲道
- 步行活动区

景观结构分析

- ▪▪▪▪ 景观主轴
- ▪▪▪▪ 景观廊道
- ⬢ 景观节点

望京门（恢复）
街头绿地
游客服务中心（新建）

北直街商业步行街

北直街老旧建筑片区（改造）

韶关市第一中学（扩建）

传统美食街
社区健身广场

休闲绿地

十八街传统建筑片区（改造）
民间技艺交流中心

武镇街传统建筑片区

社区活动中心（改建）

游客咨询中心

步行街入口广场
片区行政管理中心

市民休闲公园

风度北路步行街

曲江会馆
学宫大成殿
风采楼

风度广场

风度中路步行街
九曲巷老旧建筑片区（改造）

商业美食城（改建）

风度南路步行街

社区市场

大鉴禅寺

图例

- 商业步行街
- 主要步行街
- 建筑
- 硬质铺地
- 绿地
- 河流水系
- 城市道路
- 设计范围线

0　50　100　200M

N

规划总平面

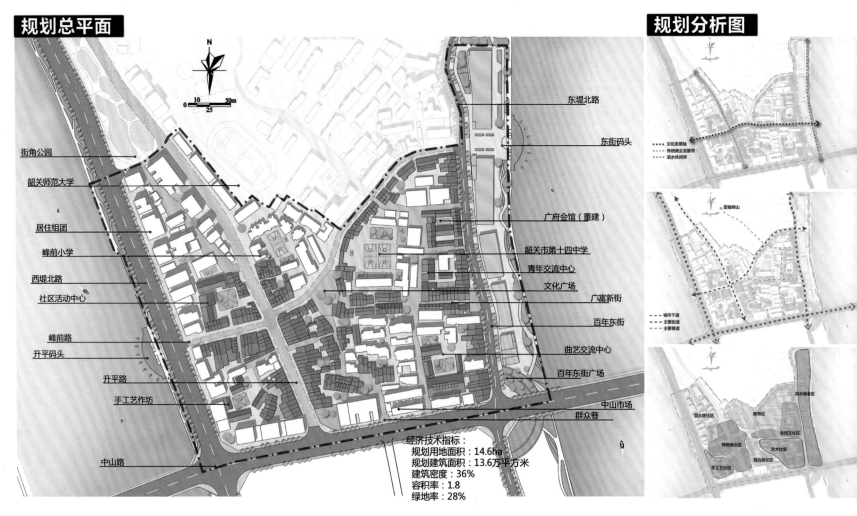

N
0 10 25 50m

街角公园
韶关师范大学
居住组团
峰前小学
西堤北路
社区活动中心
峰前路
升平码头
升平路
手工艺作坊
中山路

东堤北路
东街码头
广府会馆（重建）
韶关市第十四中学
青年交流中心
文化广场
广富新街
百年东街
曲艺交流中心
百年东街广场
中山市场
群众巷

经济技术指标：
规划用地面积：14.6ha
规划建筑面积：13.6万平方米
建筑密度：36%
容积率：1.8
绿地率：28%

规划分析图

至福峰山
城市干道
主要街道
主要巷道

文化发展轴
传统商业发展带
滨水休闲带

滨水商业区
混合质住区
教育区
会馆文化区
传统商业区
艺术社区
混合质住区
手工艺社区

街巷导则

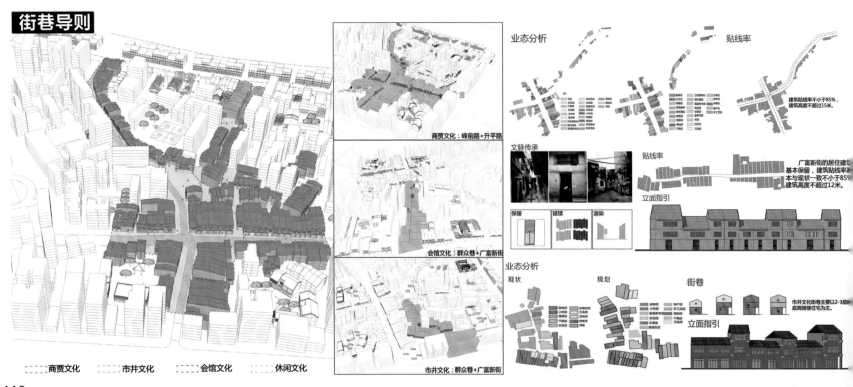

商贾文化：峰前路+升平路
会馆文化：群众巷+广富新街
市井文化：群众巷+广富新街

业态分析
贴线率
建筑贴线率不小于85%，建筑高度不超过15米。

文脉传承
贴线率
广富新街的居住建筑基本保留，建筑贴线率本与现状一致不小于85%，建筑高度不超过12米。

立面指引
保留 | 延续 | 渲染

业态分析
现状 | 规划

街巷
市井文化街巷主要以2-3层，底商跨楼住宅为主。

立面指引

⋯⋯⋯ 商贾文化　⋯⋯⋯ 市井文化　⋯⋯⋯ 会馆文化　⋯⋯⋯ 休闲文化

112

街区鸟瞰图

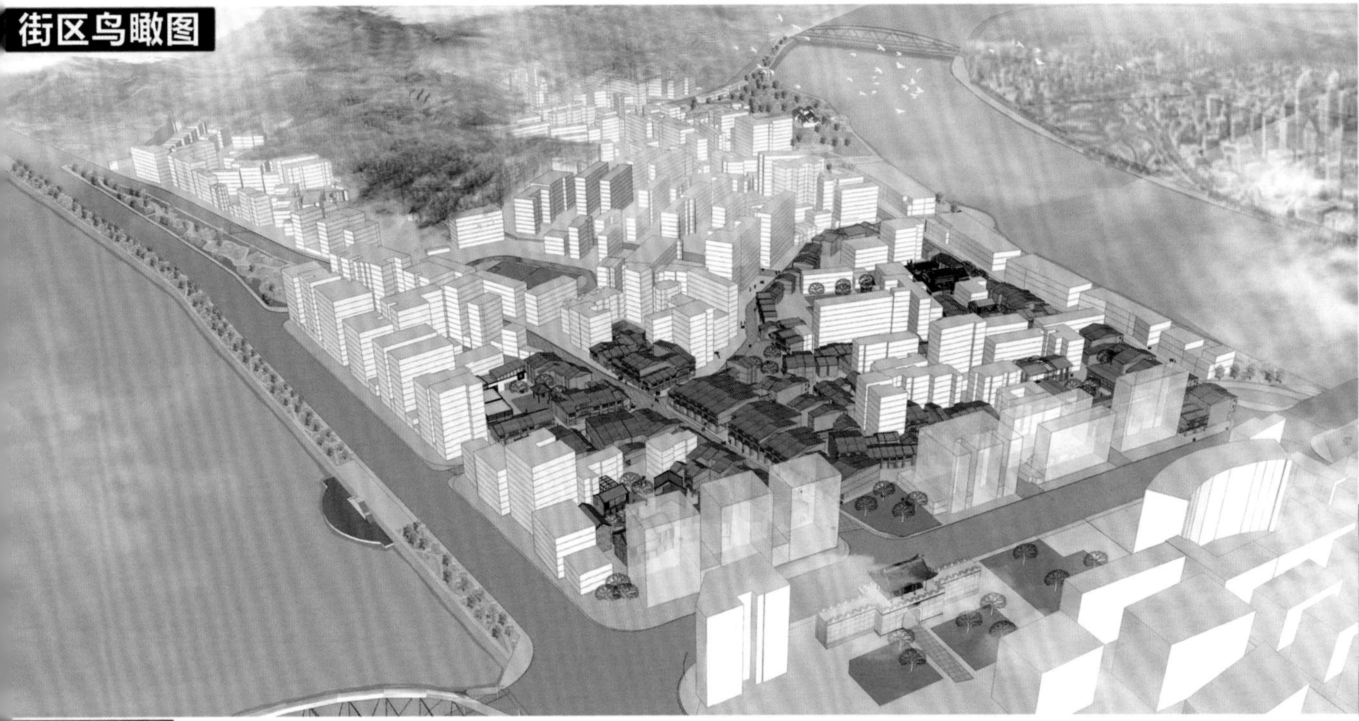

街巷 营造

敞

现状：街口狭窄，街区仅现冰山一角

规划：开敞街口，展示街区魅力

解

现状：街道封闭，街区特色空间被隐藏

规划：解开街道，联通街区

续

现状：空地遍布，街道肌理被破坏

规划：延续肌理，完善街道立面

空

现状：巷道空间过长，过于呆板。

规划：适当的空出街巷的开敞空间

梳

现状：私搭乱建，街巷被阻

规划：梳理街巷，提高街区可达性

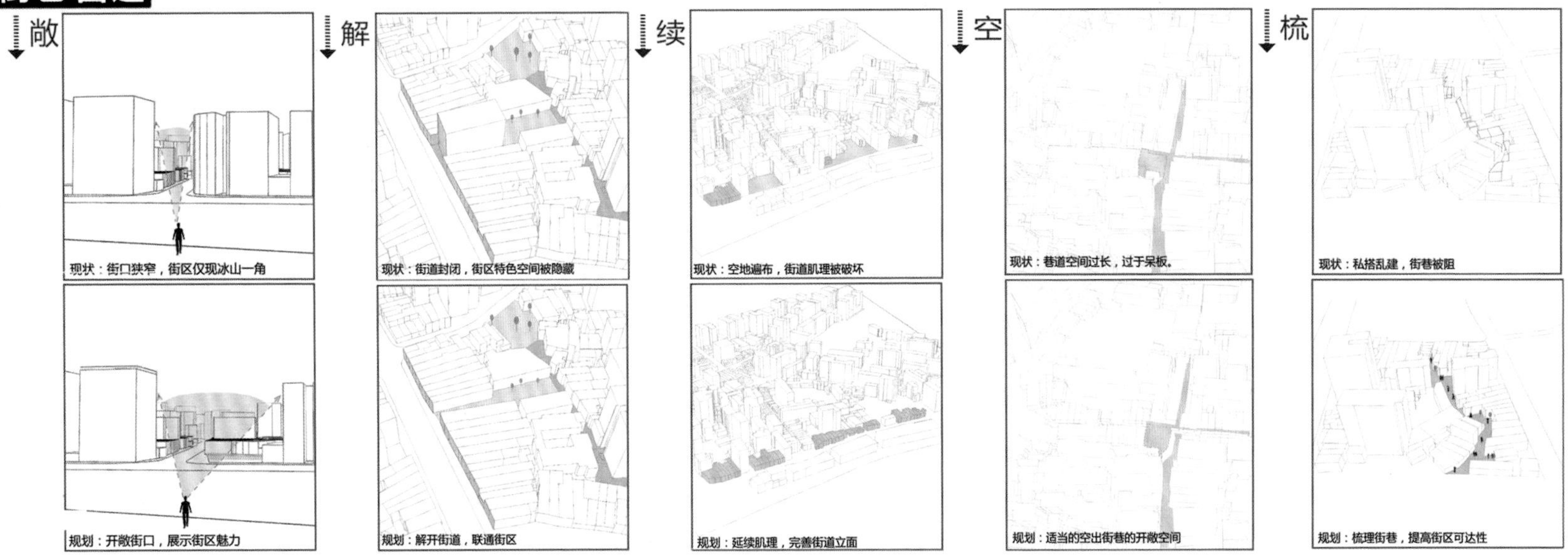

建筑改造

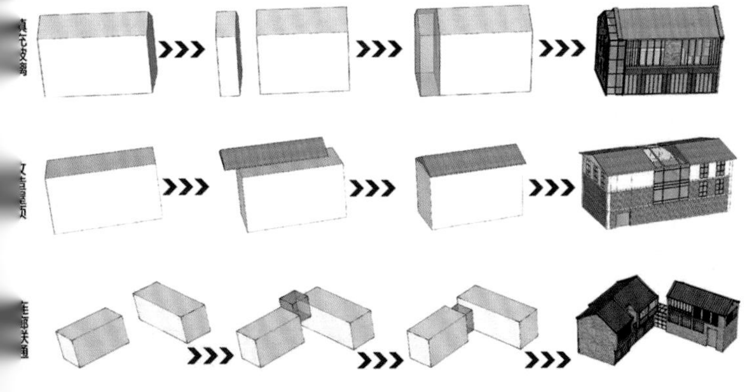

重点建筑改造

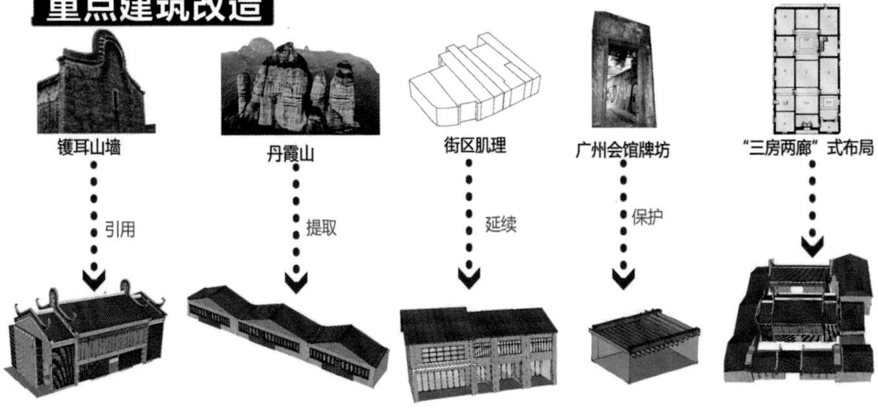

镬耳山墙 —— 引用

丹霞山 —— 提取

街区肌理 —— 延续

广州会馆牌坊 —— 保护

"三房两廊"式布局

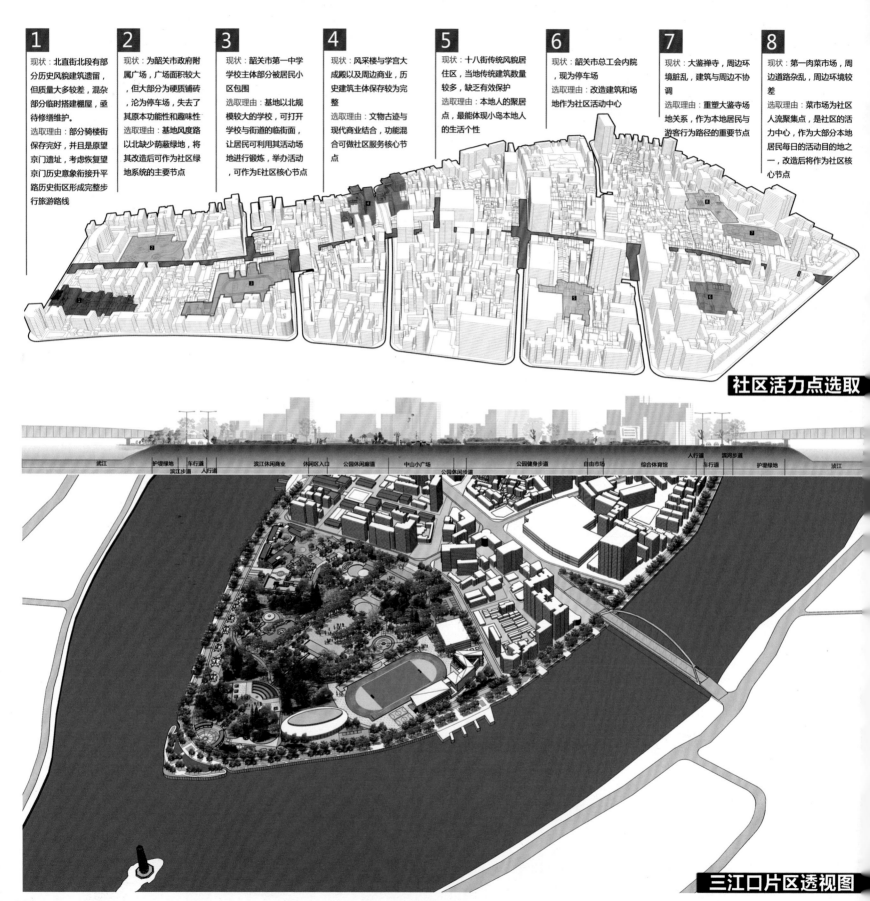

1

现状：北直街北段有部分历史风貌建筑遗留，但质量大多较差，混杂部分临时搭建棚屋，亟待修缮维护。

选取理由：部分骑楼街保存完好，并且是原望京门遗址，考虑恢复望京门历史意象衔接升平路历史街区形成完整步行旅游路线

2

现状：为韶关市政府附属广场，广场面积较大，但大部分为硬质铺砖，沦为停车场，失去了其原本功能性和趣味性。

选取理由：基地风度路以北缺少荫蔽绿地，将其改造后可作为社区绿地系统的主要节点

3

现状：韶关市第一中学学校主体部分被居民小区包围，历史建筑主体保存较为完整

选取理由：基地以北规模较大的学校，可打开学校与街道的临街面，让居民可利用其活动场地进行锻炼，举办活动，可作为E社区核心节点

4

现状：风采楼与学宫大成殿以及周边商业，历史建筑主体保存较为完整

选取理由：文物古迹与现代商业结合，功能混合可做社区服务核心节点

5

现状：十八街传统风貌居住区，当地传统建筑数量较多，缺乏有效保护

选取理由：本地人的聚居点，最能体现小岛本地人的生活个性

6

现状：韶关市总工会内院，现为停车场

选取理由：改造建筑和场地作为社区活动中心

7

现状：大鉴禅寺，周边环境脏乱，建筑与周边不协调

选取理由：重塑大鉴寺场地关系，作为本地居民与游客行为路径的重要节点

8

现状：第一肉菜市场，周边道路杂乱，周边环境较差

选取理由：菜市场为社区人流聚集点，是社区的活力中心，作为大部分本地居民每日的活动目的地之一，改造后将作为社区核心节点

社区活力点选取

武江　护堤绿地　车行道　滨江步道　人行道　滨江休闲商业　休闲区入口　公园休闲廊道　中山小广场　公园休闲步道　公园健身步道　自由市场　综合体育馆　人行道　滨河步道　车行道　人行道　护堤绿地　浈江

三江口片区透视图

区位优势
位于三江之口，开启城市之门

历史文化
集聚于中山公园和浈江北部的太傅庙

自然条件
基地东、西、南三面临江，视野开阔

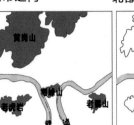

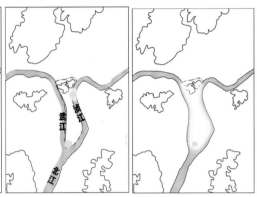

■创造滨江健康休闲步道，中山公园植入新功能，将滨江和三江口片区打造成城市活动的聚焦点，吸引人流，并强调从中心都市活力向两侧自然幽静转变的景观气氛

滨江健康步道：
从都会核心向自然生态转变

三江口公园将成为韶关江沿河绿带的活力中心

功能植入

创造充满生机的绿色环境

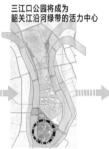
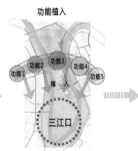

■水位的变化将带来不同的水岸处理和季节景观但防洪堤防与护岸减少了亲水的可能性

■规划设计季节性景观利用景观设计进行多种堤岸处理，增加亲水机会

滨水空间岸线设计

使用多种软质和硬质的铺装，进行对堤岸的处理，让人们有更多的亲水机会。因受雨季涨水期的影响，限制了沿河地段用地。可设置三层退台式的观景台。

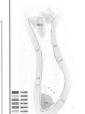

弧状步行系统，形成和功能多样的连接树枝状步行系统，降低人类活动对岸线的影响；

折线滨河系统，强烈的几何形式和现代感；

连续变化的步行系统，创造城市边缘和水岸之间的多样的空间经验。

创建健康、休闲、娱乐完整的步行体系

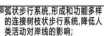
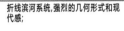

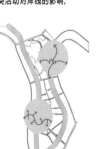

王可心　城市规划

非常荣幸能够代表学校来参加此次联合毕设，两个多月的时间里我们经历了很多挫折、争执、迷茫、无助，但最终还是和大家一起坚持了下来。回顾本次毕设，所有的汗水都是值得的。感谢所有老师的细心指导，同学们的热情款待，认识你们真好。愿大家都在以后的路上一往无前！

南 昌 大 学
NANCHANG　UNIVERSITY

钟楷　建筑学

作为一个建筑学学子，带着兴奋来参加了本次联合毕设。回顾这次一站站走过来的毕业设计，我们收获了太多太多。对于专业知识的积累，汇报时的严谨，做视频的思路，小品表演的表达，换个身份换位思考设计的角度等等，都是我在本次毕设收获的财富。谢谢各位老师和同学们！认识大家真的很开心。

熊苑　城市规划

联合毕业设计是大学里学习的最后一站，也是对整个大学学习的一项综合考验，欢笑与痛苦并存。在这里我们有不知所措的迷茫、痛苦的纠结、出图的烦躁，但更有一路陪伴我们的老师和来自全国各地的小伙伴，因为有你们的陪伴，整趟毕设之旅充满惊喜。这真的是很好的一次机会，一种特殊的缘分，让我们相识相聚，相信在将来，我们仍一路成长，仍会相聚。

李岩　建筑学

从未想到过自己的大学五年会以这样一种充实的方式结束。非常感谢这次竞赛提供了一个这么棒的平台，在各种学术交流和想法碰撞的同时，也认识了来自各地风格不同的其他同学们。这几站的学习让我知道了今后还需努力的地方，各位指导老师的点评和讲座也是让我受益匪浅。再次感谢联合毕设，我觉得我大学末端画上的这个"句号"是圆满的。

雷蕾　城市规划

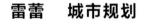

"我总是惊讶地发现，我不假思索地上路，因为出发的感觉太好了。世界突然充满了可能性。"参加这次设计比赛也是当时一拍脑袋决定的，想要为自己的五年本科生涯添上那么浓墨重彩的一笔。比赛提供了一个很好的条件状态去切实思考我们的设计，当然比设计更重要的是认识了各色各样的小伙伴。

谢朝阳　城市规划

大学生涯最后一次设计，最终在成都落下帷幕。很荣幸参加了这次活动，不仅让我学到了很多，更让我认识了很多朋友。小组设计中途我们有欢笑，也有争执，让我们意识到了团队协作的重要性，但是我们都在努力着。非常感谢这个机会，让我们与其他老师同学们认识，相逢就是缘，希望在未来的道路上，我们越走越好，FIGHTING！

设计题目：
广东省韶关市小岛片区城市设计

指导老师：周志仪 漆平 骆尔提 林小如 陈桔 赵炜 马辉
作　者：熊苑 王可心 雷雷 谢朝阳 李岩 钟楷
学　校：南昌大学

区位分析

基地区位分析

韶关市，中心城区

基地周边环境

小岛片区绿化主要集中在帽峰山公园和中山公园两处，换到绿化较为薄弱，小到内部绿化密度较弱，沿岸景观较差。

设计说明：

试图将目光落在生活在小岛这篇约2.71平方千米区域的人身上，进行一种缓慢而非献礼式赶工、温和而非激进、引导而非强制、自伤而下与自下而上相结合、保存而非推倒、空间升级而非摧毁一切、混杂而非单一的手法；融合新居民原住民的活力街区而非建筑宛如外景地将原有居民整体外迁的假古董，是创造新生命而非复制旧风貌更非简单粗暴地平地起高楼；在尊重原有城市肌理和文脉的基础上赋予其新灵魂，而非灵气炉灶抹去记忆和历史，是针灸而非手术，是整个生态系统的活化而非标本式的保留……

基地周边交通

■宏观区位
韶关地处广东省北部，与湖南省、江西省交界，毗邻广西，素有"三省通衢"之称，是粤湘赣交界地区商品集散中心，粤港澳辐射内陆腹地的"黄金通道"是广东省规划发展的粤北区域中心城市。

■中观区位
韶关下辖地区3市辖区、4县、1自治县、2县级市。小岛片区位于浈江区南部，西靠武江区。

■微观区位
小岛片区三面临江，东临浈江，西临武水，南临北江，北靠帽峰山。西靠芙蓉新城，是韶关市的旧城中心。
小岛片区距韶关东站500米，距韶关高铁站10公里。

社会发展

经济分析

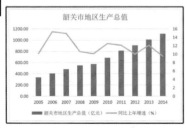

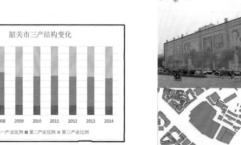

韶关市国民经济发展较快，居民生活质量稳步提升。但是在经济转型期，韶关近几年的经济增速有所放缓。从2007年以来，韶关市的一产比例基本持平，保持不变，二产比例不断下降，三产比例逐渐提升。近几年，芙蓉新城的发展速度不断加快，小岛则是处于发展的瓶颈时期。

少量大体量商业综合体的分布，虽然破坏了小岛原有的肌理，但是为小岛注入了新活力。

传统的的零售商业集中分布在风度路和东街，形成步行街，成为了小岛的一大特色。

较为落后的传统零售商业，环境差，服务区域有限。但是其建筑形式比较具有韶关特色。

人群活动

人口分析

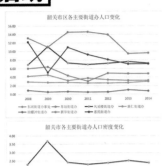

韶关市各主要街道办人口变化

韶关市各主要街道办人口密度变化

小岛人口密度分布图

小岛人口结构上，老年人居多。

小岛人口分布上，北疏中密。

小岛人群流动上，步行街最强。

人群活动时间分配

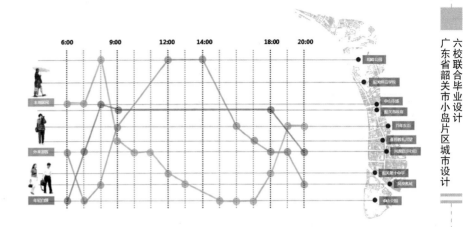

| | 6:00 | 9:00 | 12:00 | 14:00 | 18:00 | 20:00 |

本地居民
外来游客
年轻白领

相岭公园
韶关师范学院
中山市场
韶关市政府
百年东街
基督教礼拜堂
风烈路社区
韶关第十中学
风度名城
中山公园

历史沿革

历史演变

舜帝南巡	西汉元鼎六年（前111年）	后梁乾化（911年）	隋开皇九年	清光绪年间	民国时期	1921年	1938年	50年代初	1958年	1975年	1983年	2004年
舜帝奏韶乐取山之名为韶石	设曲江县属贵阳郡治所在今韶关市区东南莲花岭下	录事李光册移州治于武水东浈水西、笔峰山（帽子峰）下，该城就是今天的中洲旧城所在地	改设韶州府因州北名胜韶石山得名	曲江县地图此时的曲江县已经形成了韶关市小岛片区的基本骨架于今	在韶关市区先后设立水路三个税关遂得名韶关	孙中山先后两次由此督师北伐	广东省抗战省委搬迁至此设省辖韶关市，为广东省临时省会	历史上是以小岛为核心逐步向东西两岸扩张的单核城市	粤北作为广东省的战略大后方，韶关成为重工业基地。	韶关市升格为地级市，辖曲江县	撤销韶关地区所属县并入韶关市	撤销北江区浈江区撤曲江县设曲江区

现状分析

建筑高度分析

1-3 F
4-7 F
8-11 F
12-19 F
≥20 F

建筑密度分析

建筑密度＜20
20≤建筑密度＜30
30≤建筑密度＜35
35≤建筑密度＜40
40≤建筑密度＜50
50≤建筑密度

容积率分析

容积率＜1
1≤容积率≤1.5
1.5≤容积率≤2.5
2.5≤容积率≤3.5
3.5≤容积率≤5
5≤容积率

用地性质分析

图例

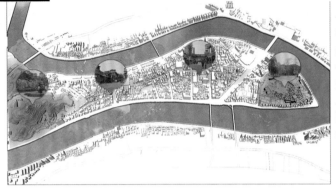

一呼一吸
有生机的，有活力的。充分发挥景观优势，以公园和历史文化街区为切入点，作为片区活力源，使老城焕发新生。

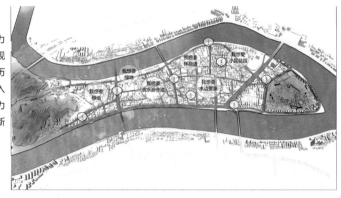

一收一放
吐旧纳新。把小岛旧城区老就落后的东西整合出去，把新生的有发展的东西吸收进来。

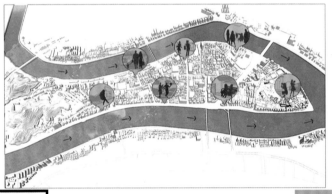

一张一弛
城市的流动性，动态感。水的自然迁徙为城市增添了灵动之气，也为现代田园城市建设增添了生动注解。

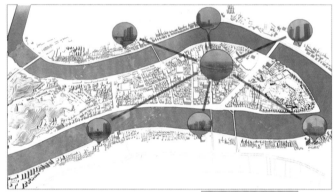

一快一慢
节奏韵律。对于历史街区呼吸时缓慢的，发展史延续的，如何跟上周边环境的步伐，跟上其呼吸的节奏。

概念雏形 归 续 延

传统商贾之息
现代繁华之气
未来活力之风

传统商贾之息
1. 将活动空间引入建筑内部腹地，串联街坊与城市文脉的直接联系。
2. 在升平里植入具有商贸特色当地特色的商业。
3. 利用广富新街原有的街巷打造传统文化和创意文化融合的艺术区。

现代繁华之气
1. 微公交打造——串新小岛内外。
2. 风采楼的保护利用——链接风度路和百年东街。
3. 新型社区的建立。
4. 传统居住街巷机理——视线和引导。

未来活力之风
1. 三江口打造生态体育公园。
2. 特色古街的升级改造。
3. 与生活紧密相连的丰富休闲活动。

广富新街

风采楼 + 风度路步行街

三江口城市设计

文化提升策

岭南地区文明的重要发祥地
风景独特的岭南人文胜地
南宗禅法发源的佛教圣地
山围水汇商防两宜的古城格局
近代史上革故鼎新的粤北首镇
古今一脉的矿冶重镇

烧香、拜佛
喝茶、听戏
观水、赏景
文化、展览
品尝、特色小吃
传承、体验

美食 + 工艺体验
工艺传承 + 文化体验
观山赏景 + 祈福
文化参观 + 喝茶听戏

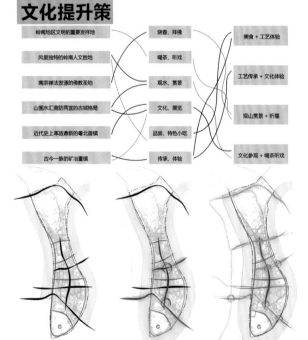

韶关小岛片区的现有路网呈现一纵十横的鱼骨型，现状的交通和人群拥堵主要集中在风度路步行街、解放路以及风采路。

对内的空间形态规划将仍保留风度路步行街的地位，聚集大部分人群，中山路两端建桥，以分担解放路的通过型交通压力。

同时通过两点三环将人群弹性地聚集和疏散到小岛环线（滨江段）规划后的理想状态为一条主轴，三条通过型交通，一条滨江环线。

布局策略

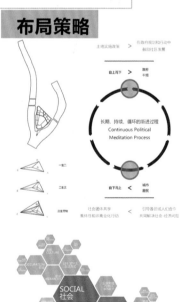

长期、持续、循环的渐进过程
Continuous Political Meditation Process

SOCIAL 社会
ECONOMIC 经济
SPATIAL 空间

设计理念

切脉

成序

Step1.
根据对居民、游客活动行为的观察，提取现状活力点进行研究，选取重点文物保护单位和居民活动频繁的公共活动场所。

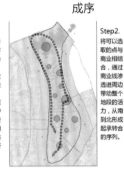

Step2.
将可以选取的点与商业相结合，通过商业线渗透进周边带动整个地段的活力，从南到北形成起承转合的序列。

点穴

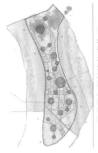

Step3.
选取可以开发的点进行重点开发，并加入一些新的活力点，完善配套商业和生活服务设施。

通脉

Step4.
用轴串联主要活力点形成主要脉络，加强各活力点间联系，同时以活力点为核心，派生出配套的服务点。

活络

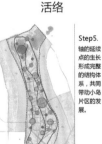

呼吸

Step5.
轴的延续点的生长形成完整的结构体系，共同带动小岛片区的发展。

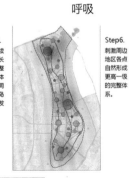

Step6.
刺激周边地区各点自然形成更高一级的完整体系。

风貌保护

风貌控制规划

历史保护规划

文物保护单位

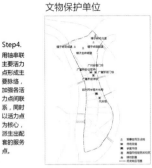

街巷格局保护规划

文化遗产展示路线

重要文化空间展示

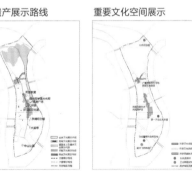

外部空间优化策

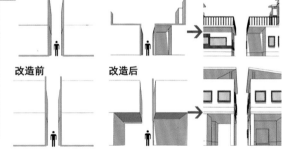

改造前　改造后

建筑优化策

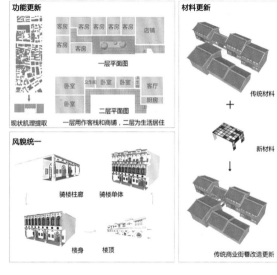

功能更新

一层平面图
二层平面图

现状肌理提取　一层用作客栈和商铺，二层为生活居住

风貌统一

骑楼柱廊　骑楼单体
楼身　楼顶

材料更新

传统材料
＋
新材料

传统商业街巷改造更新

院落优化策

拆除
拆除临时搭建

重组
肌理重构组织院落

增加
增加建筑还原肌理

扩建
扩建现有建筑

街巷优化策

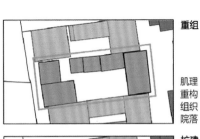

人车分流　广场植入　丰富界面

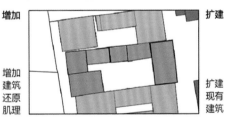

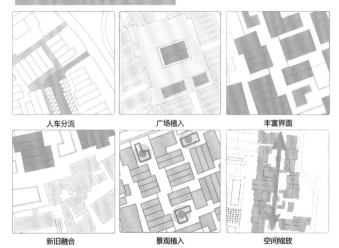

新旧融合　景观植入　空间缩放

建筑肌理

规划结构

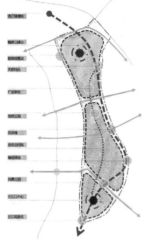

功能植入

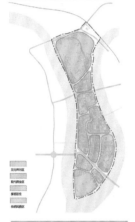

景观规划

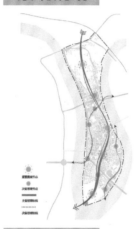

夜景灯光规划

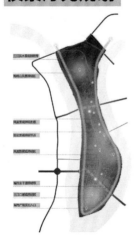

商业规划

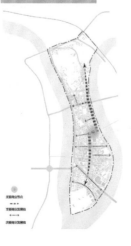

概念规划

规划总平面图

1. 三江口观景平台
2. 市民演绎广场
3. 小岛古董街
4. 解放路购物中心
5. 小岛花园街
6. 风度名城
7. 军区公园
8. 风度路步行街
9. 风采楼广场
10. 韶州府学宫大成殿
11. 百年东街
12. 文化宫
13. 广富新街
14. 广州会馆
15. 韶关师范学院
16. 帽峰山公园

滨水规划

规划实施

高度控制

容积率控制

容积率 ≤ 1.0
1.0 < 容积率 ≤ 3.5
容积率 > 3.5

建设时序

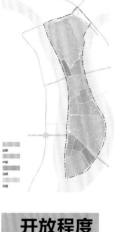

界面控制

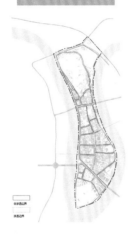

开放程度

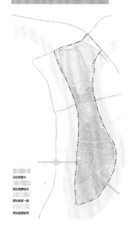

更新方式

道路系统

道路等级

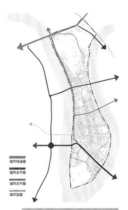

城市快速路
城市主干路
城市次干路
城市支路

静态交通

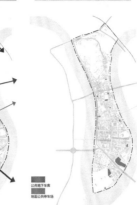

公共地下车库
地面公共停车场

交通组织策略

系统定位：以"结构清晰、快慢分行、人车分流、公交优先"为原则，公共交通和慢行交通为导向的小岛交通体系

策略一：绿色高架——解决小岛通过型交通

解放西路之上建立过岛高架，以减少过岛交通与岛内交通的交叉混乱

策略二：环岛小巴——弹性出行

优化现有公交站点体和公交线路，新增环岛小巴，小巴发车时间和线路弹性的优点可以很好提高小岛内部的可达性，同时对人群具有一定导向性

慢行系统

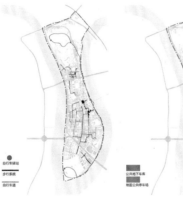

自行车驿站
步行系统
容行车道

公共交通

公共地下车库
地面公共停车场

慢行系统
策略三：慢行系统规划，分为生活性慢行系统和景观性慢行系统，减少人车冲突、结合慢行道开放城市空间

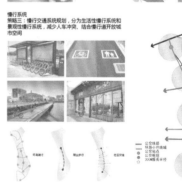

公交线路
环岛小巴线路
公交站点
公交驿站
300M服务半径

土地利用规划

· 未利用空间
由于地形地貌等条件制约，目前属于自然空间状态，还未进行开发，主要集中在小岛片区北部，帽峰山以南

· 废弃空间
由于场地改造，多处建筑拆除，堆满建筑垃圾，环境质量较差，主要集中在小岛片区北部，百年东街西面和第一人民医院附近

· 低效利用空间
由于场地内居民住宅密集，产生了许多难以高效利用的空间，场地可达性差，安全性低，使得空间难以被利用，如立交桥下、老街与巷子等

· 公共空间失活原因

角落阶前等空间可达性差，难以利用 ←→ 缺少公共服务设施，缺乏吸引力 ←→ 垃圾堆盛，异味横生，环境质量较差

公共空间使用状况

33% 低效利用
19%
26% 未开发
废弃空间

· 现有建筑空间

保留建筑：对于现状建筑质量较好的商业建筑，和具有历史价值的文化性建筑以保留，基本不做改动

改造建筑：对于传统风貌较好，与老城相协调但功能较为不便，质量一般或较新的建筑我们将进以进行改造，根据相应地块需求，赋予其新功能

拆除建筑：对于建筑质量较差，阻碍老城更新发展并无历史保护价值的建筑获地进行拆除和重新规划设计，其功能、建筑形式需与周围环境相协调

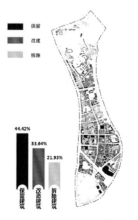

保留
改建
拆除

44.42% 保留建筑
33.64% 改建建筑
21.93% 拆除建筑

40

123

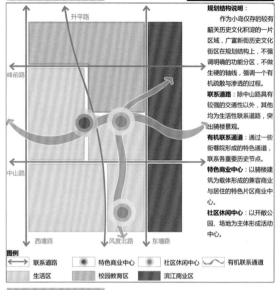

更新规划

规划结构

升平路
峰前路
中山路
西堤路 风度北路 东堤路

规划结构说明：
　　作为小岛仅存的较有韶关历史文化积淀的一片区域，广富新街历史文化街区在规划结构上，不强调明确的功能分区，不做生硬的轴线，强调一个有机疏散与渗透的过程。

联系道路：除中山路具有较强的交通性以外，其他均为生活性联系道路，突出骑楼景观。

有机联系通道：通过一些街巷院形成的特色通道，联系各重要历史节点。

特色商业中心：以骑楼建筑为载体形成的兼容商业与居住的特色片区商业中心。

社区休闲中心：以开敞公园，场地为主体形成活动中心。

图例
↔ 联系道路　　◉ 特色商业中心　　◉ 社区休闲中心　　〰 有机联系通道
生活区　　校园教育区　　滨江商业区

交通分析

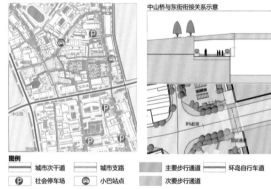

中山桥与东街街接关系示意

8%起坡

图例
城市次干道　　城市支路　　主要步行通道　　环岛自行车道
Ⓟ 社会停车场　　小巴站点　　次要步行通道

功能分析

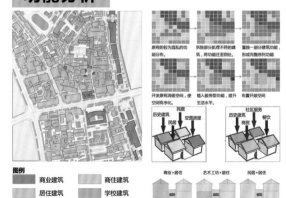

原有的较为混乱的功能分布。

拆除部分机理不同的建筑，将功能迁至别处。

置换一部分建筑功能，形成完整序列机理。

开发原有消极空间，使空间得到利用。

植入服务型功能，提升生活水平。

布置开放空间。

历史建筑　民居
空置房屋

历史建筑　社区服务
商业　餐饮

商业＋居住　　艺术工坊＋居住　　民居＋居住

图例
商业建筑　　商住建筑
居住建筑　　学校建筑

北
1:1000

① 天后雕塑广场　　④ 街头小景　　⑦ 韶关四中　　⑩ 小巴站点　　⑬ 文化宫　　⑯ 滨江广场
② 韶关学院　　⑤ 广州会馆　　⑧ 游憩园　　⑪ 街头商业中心　　⑭ 社区公园
③ 社会停车场　　⑥ 小学　　⑨ 广富新街入口　　⑫ 社区休闲广场　　⑮ 中山市场

更新规划

活动策划

烧香、拜神	美食+工艺体验	较为单一的活动
参观、赏景	工艺传承+文化体验	较为丰富的活动 +公共空间
喝茶、听戏	观景+祈福	
文化展览		丰富的活动 +活动策划
特色小吃	文化参观+风俗体验	
民俗体验		

空间分析

交往空间：通过众多院落组合形成的公共交往空间，是该片区的居民游玩休憩交流的主要空间，公共性较强。

过渡空间：由同一个院落建筑组合而成的空间，主要供院落中的人使用，公共性一般，但是居民的归属感较强。

个性空间：新建建筑的私有庭院空间，是私人所有。

建筑更新策略

现状肌理　　　更新策略

更新策略
图例

■ 保护建筑　　修缮建筑　　改善建筑
保留建筑　　拆除建筑　　新建建筑

规划肌理

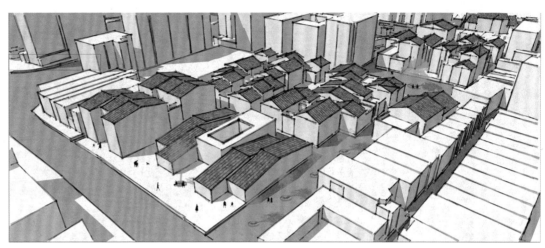

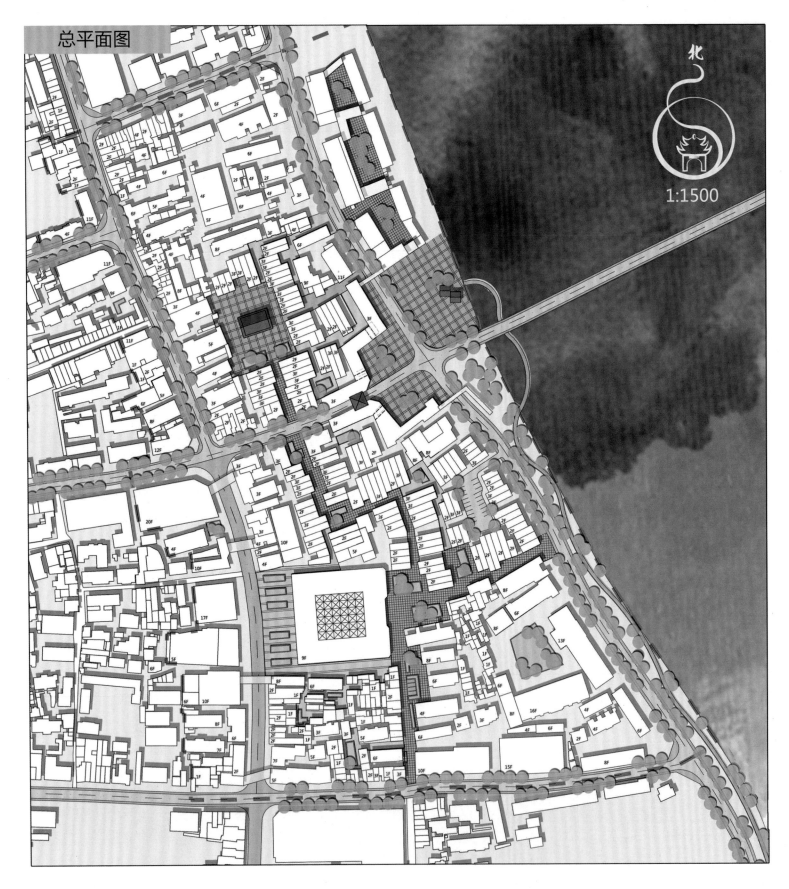

总平面图

北

1:1500

空间结构

·设计要素

人行路径
自行车路径
节点
地标
区域
界面

·结构生成演绎

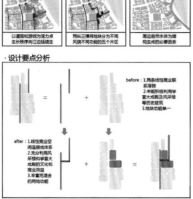

以道路和游线为活力点生长秩序向工功延续生
跨纵三横网地块分为不同风貌不同功能的五个片区
周边自然水体为嵌构生成的必要因素

·设计要点分析

before：1.两条线性商业联系薄弱
2.未能积极利用骑楼和风采楼等历史建筑
3.地块功能单一

after：1.线性商业空间连接构体系
2.充分利用风采楼和骑楼等大成陶的文化和商业效益
3.丰富商居混合的用地功能

肌理关系

现状肌理
重要建筑各自为政相互联系缺失

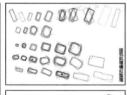

+植入自然串联生长的手法，充分连接区域内的各个功能，保护与利用并用。

设计后
各个不同功能、不同年代、不同形式的建筑之间产生联系。

功能分析

·建筑功能分析

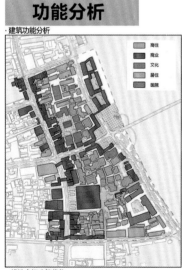

商住
商业
文化
居住
医院

·线性空间功能优化

材质提取
通行能力
功能定位 通车>停车>人行>交往

材质提取

通行能力
功能定位 交往>人行>停车>通车

·新增流线功能

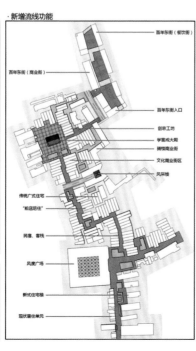

百年东街（餐饮街）
百年东街（商业街）
百年东街入口
创意工坊
学宫成大阪
骑楼商业街
文化商业街区
风采楼
传统广式住宅
"前店后住"
民宿、客栈
风度广场
新式住宅楼
现状居住单元

交通系统设计

·动态交通分析图

城市次干路
城市支路
主要步行道
巷路
次要步行道
立体步行系统
自行车道

·静态交通分析图

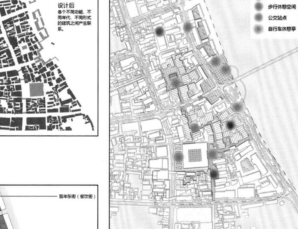

公共停车场
步行休憩空间
公交站点
自行车休憩亭

·步行空间尺度

生活性道路尺度

步行空间，不允许通车，道路宽度为2.5-6米。

商业街道路尺度

步行空间，必要时允许通车，道路路宽最窄处为4米。

·街道艺术空间改造

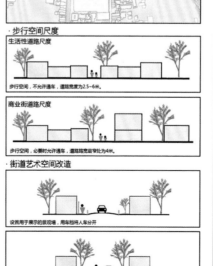

设施用于展示的景观墙，用车档将人车分开

结合展示小空间增加景观的展示感

·功能流线组合叠加

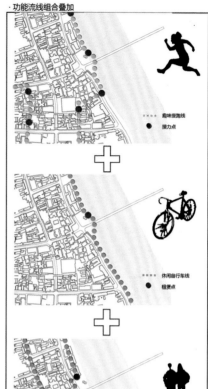

趣味慢跑线
接力点

休闲自行车线
租赁点

购物娱乐线
重要商业点

文化游览线
重要文化场所

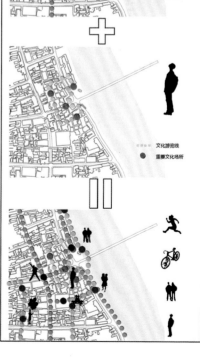

设计说明:
在历史文献中,创造性的设计可使事物再现岁月流逝所失去的东西,这就是人们集体记忆中的精神场所。灵活地对城市街道间的过渡空间的进行营造,并在此基础上复兴其社会功能,增强它的空间特性,打造韶关记忆归属地。
将规划用地按主体功能拆分为若干个居住板块和两条主要带型商业街。利用街道与建筑的限定关系将两条关联性较弱的商业街串联成有一定规模的商业网络,提高商业空间的整体性。

商业业态

·商业模式

"前店后住"模式
传统商业街区
文化商业街区

·商业服务模式更迭

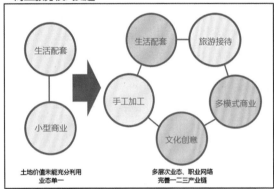

土地价值未能充分利用
业态单一

多层次业态、职业网络
完善一二三产业链

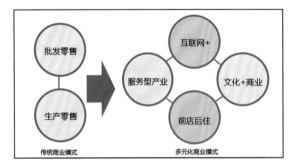

传统商业模式

多元化商业模式

建筑单体设计

·改造建筑平面&立面

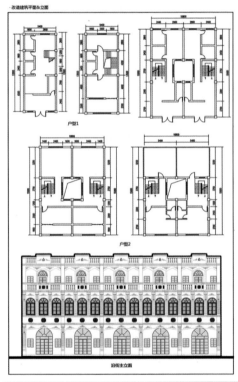

户型1

户型2

沿街主立面

·骑楼街道剖面示意

晴雨时交通

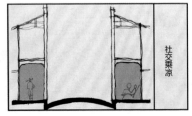

社交乘凉

贸易场所

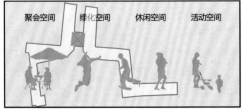

聚会空间　绿化空间　休闲空间　活动空间

视线景观分析

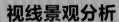

构筑物改造方案

构筑物改造方案

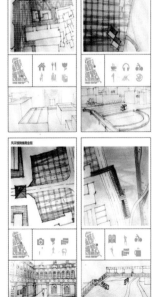

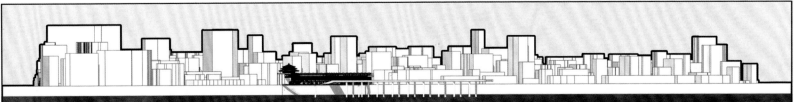

三江口总平面图

1 景观步行街	2 公园入口广场	3 中山公园主入口	4 市民活动中心
5 儿童游乐场	6 露营草坪	7 自行车驿站广场	8 亲水平台
9 韶关文化馆	10 三江下沉广场	11 三江景观大道	12 旱地喷泉
13 民俗长廊	14 露天影院	15 中山广场	16 中山大舞台
17 滨江景观慢行道	18 社会停车场	19 回车场	20 滨水绿坡
21 地下停车场入口	22 驿站广场	23 内移古董街	

北

0 10 50 100   200M

规划结构

设计说明：

　　三江口岸城市设计片区作为整个小岛的岛尖，是三江景观入口和城市开放地带，承载着商业、文化、景观等重要公共生活功能。高架将通过型交通与岛面分离，大大降低了解放路的交通混乱度。三江口城市片区将以公共交通和慢行交通为生活导向，通过功能置换将商业集合，将沿江风景彻底开放为城市公共空间，同时注入多种业态，丰富市民的公共娱乐活动，提升体验感。保留传统商业的小混乱模式，但也大胆引进新型商业业态和景观娱乐活动。将三江口岸设计为一个注重体验与交流的接近理想型的中国式乌托邦。

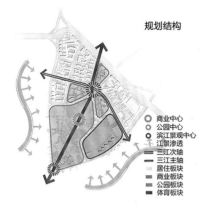

规划结构

- ○ 商业中心
- ○ 公园中心
- ○ 滨江景观中心
- ↑ 江景渗透
- ━ 三江次轴
- ━ 三江主轴
- ▨ 居住板块
- ▨ 商业板块
- ▨ 公园板块
- ▨ 体育板块

规划肌理

规划策略

公共化更新策略　通过对滨江住宅的置换，开放滨江景观，并结合更新中山公园，新修滨江自行车景观道，将滨江和绿地公共化，并加入戏曲剧场等，为居民提供更多的公共活动，增强市民参与度。

生活化更新策略　保留多数原有住宅和店铺，整理更新，多增加交往绿色空间，内移保留原有特色的古董街形式。同时两翼小巴线将文化体验、购物、工作和休闲更无缝融合。

创新化更新策略　依托基地原有的公共功能以及现状条件，引入工作坊、画室、艺术工作室以及一些创意餐饮、店铺等。同时增加一些创意滨水和景观小品，提升游憩新鲜感和体验度。

多元化更新策略　根据概念规划对三江口城市设计片区的引导定位，加入多元功能结构，激活三江口城市活力。包括更新商业业态，改造多彩岸线，注入文化活力等。使不同年龄不同需求的市民都能融入城市活动中。

① 餐饮	☕ 购物
② 交流	📖 文化
③ 音乐	🏭 表演
④ 展览	👪 亲子

规划系统

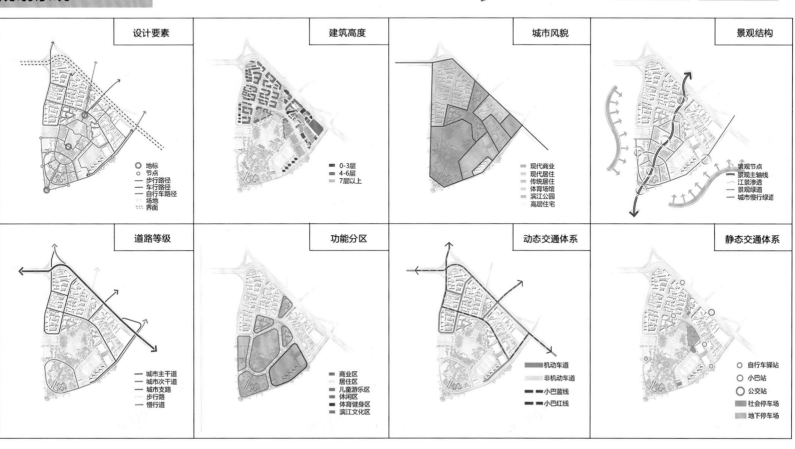

设计要素	建筑高度	城市风貌	景观结构
◎ 地标 ○ 节点 ‥ 步行路径 ━ 车行路径 ━ 自行车路径 ▨ 场地 ┈ 界面	▨ 0-3层 ▨ 4-6层 ▨ 7层以上	现代商业 现代居住 传统居住 体育场馆 滨江公园 高层住宅	○ 景观节点 ━ 景观主轴线 ↑ 江景渗透 ━ 景观绿道 ━ 城市慢行绿道

道路等级	功能分区	动态交通体系	静态交通体系
━ 城市主干道 ━ 城市次干道 ━ 城市支路 ━ 步行路 ━ 慢行道	▨ 商业区 ▨ 居住区 ▨ 儿童游乐区 ▨ 休闲区 ▨ 体育健身区 ▨ 滨江文化区	▨ 机动车道 ▨ 非机动车道 ━ 小巴蓝线 ━ 小巴红线	○ 自行车驿站 ○ 小巴站 ◎ 公交站 ▨ 社会停车场 ▨ 地下停车场

功能更新

功能置换

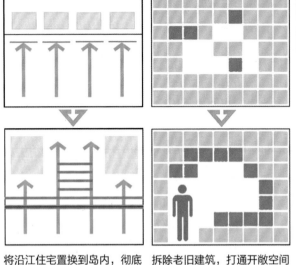

将沿江住宅置换到岛内，彻底开放三江口景观，引入水通廊。

拆除老旧建筑，打通开敞空间以及小巷线路，增加绿色空间。

功能融合

绿化空间

商业空间

水体空间

居住空间

文化

事件

生活

业态调整

业态	纪念	服务		培训
			服务	
	零售	零售		休闲
		戏曲	文化	
	服务			服务
		娱乐	休闲	
	文化	文化	娱乐	娱乐
				餐饮
	休闲	休闲	零售	
				零售
分区	沿湖	公园	外街	内街

城市空间演变

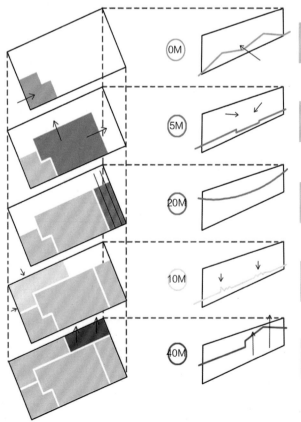

0M　水岸空间内部拓展，激活城市公共空间亲水的活力

5M　水岸围合中山公园，形成基地绿核，服务整个小岛

20M　城市零售商业带缝合中山公园两侧，形成都市氛围

10M　保护有记忆的传统住宅，保留城市中传统生活氛围

40M　现代商业提升土地价值，塑造天际线，增强经济交流

慢行与公共交通

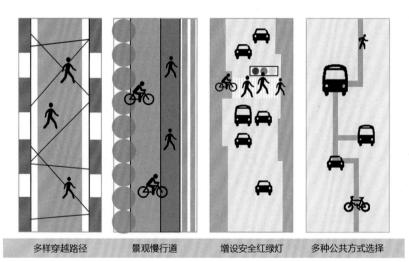

多样穿越路径　　景观慢行道　　增设安全红绿灯　　多种公共方式选择

立体公共交通模式　　环抱呼吸式公交体系　　公交导向多功能融合

鸟瞰效果图

活动策划

文化游憩路线

9：00————解放西站下车 9：30————中山公园游玩
11：00————草坪休憩野餐 13：00————文化馆参观
14：00————游览文化长廊 15：00————活动中心活动
17：00————闲逛古董街吃饭

滨江亲子路线

9：00————驿站租用自行车 10：00————下沉广场游玩
11：30————文化馆参观吃饭 13：30————驿站还车休息
15：30————游乐场玩耍 16：30————中山公园游玩
17：30————景观步行街吃饭

购物健身路线

9：00————自行车驿站还车 9：30————古董街淘宝
11：00————商业体购物 13：00————体育馆健身
14：30————中山公园游玩 16：00————商业体购物
17：30————步行街购物吃饭

广州大学 漆平

  三个月时间的联合毕设转瞬即逝，每到毕业季，难免五味杂陈，一方面，为这些意气风发的莘莘学子的优秀成果感到自豪，另一方面，昨日共同工作的身影还历历在目，明日却要天各一方。六校师生，近六十人的队伍，作为活动承办方和策划者，深感责任重大。但每每看到同学们在各阶段的优秀成果，听到各位同仁的欢声笑语，心头的焦虑早已烟消云散。感谢广东省规划院从院领导到规划师提供的大力支持，每年的选题你们都那么费心地考虑，每一次指导都那么具有专业精神，同学和我本人都获益匪浅；感谢各校老师的倾情奉献，各站奔波的辛劳让我感动，精准而独到的点评让同学们的作品出彩。特别是广州站的骆尔提老师、昆明站的陈桔老师、成都站的赵炜老师，贴心的安排让师生们感受到了温暖；感谢各位同学的信任，参加到这个温暖的大家庭让我们结下了深厚的友情。期待来年的精彩！

教师感言

135

西南交通大学 赵炜

　　由于筹备本硕专业评估，瞄准"双六"通过的目标，相较往年，我对毕业设计的指导算是打了折扣。好在经过几年的探索，教学机制已经臻于完善，得到了制度的红利；又有厦大和哈工大师生加入，并在昆工进行集中教学，又充分享受了联合师资的红利。整体来看，毕业设计成果的质量得到了保证，专业评估结果也如愿以偿，同时也很高兴地结识了新的老师朋友，可谓结局圆满。略有遗憾的是，和有几位老师擦肩而过，未及谋面，只有等到来年了！

　　今年的选题一如既往地有趣，各院校专业交叉更多，表现手段更加丰富。尤其是请来的评委嘉宾提供了新的视野和观点，交流质量更进一步。一切都很棒，希望明年更好！

教师感言

广州大学 骆尔提

6月4日，2016年联合毕业设计在成都画上了一个圆满的句号，回想起来，联合毕业设计在不知不觉中已经走过了四个年头，心中有许多感慨想要表达，但又不知如何说起……

多年来，我们的教育一直饱受诟病和质疑，以至于有些教师也陷入困惑，认为我们的教育体制培养不出优秀的人才。对此，我却持有不同的观点，我相信，在不远的将来，我国将会走出很多的世界级的大师，而让我得出这个结论的恰恰源于对四年联合毕业设计的思考。

在教学中，我们希望学生有"悟"性，尽早开窍，其实我们的教学何尝不是如此呢？开放的教学平台、多院校的交流、校企资源的共享、思想火花的碰撞等都为学生创造了一个自由灵动的空间，正是这种教学思维上的创新给联合毕业设计带来了活力，也许，我们的教育所需要的不是大刀阔斧的变革，而是一点一点的"微"进步。

由于篇幅所限，未能展开赘述，最后，对所有参与项目的学校、设计院、专家、教师和同学表示感谢！

教师感言

哈尔滨工业大学 马辉

  联合毕业设计考察的不仅仅局限于同学们日常学到的基础知识，更重要的是它提供了一个完全写实的环境，从前期调研准备到中期工作坊的埋头苦干，再到后期不断修改和完善，这个过程无疑是更加可贵的。它让我们即将毕业的学生们，培养出严谨表达观点，认真考量细节的优秀品质，而不同观点的碰撞和思想交汇时的火花都为这个多元化的设计、研讨过程注入了新的活力。思想的融合碰撞恰恰是它带给我们最大的财富，而艺术的天马行空始终是建立在一切苛求细节和严谨态度之上，多学科之间设计灵感与思维的交织，也为我们的学生提供了更加广阔的设计舞台，我相信这次联合毕业设计经历也将成为所有老师和同学们的一段美好回忆，期待下一次的相聚！

教师感言

厦门大学 王量量

首先我感到非常荣幸能够作为指导老师参与此次联合毕设。厦门大学城市规划系是第一次受邀参加此项活动，还记得刚刚接到这项任务时候的心情是非常激动的，当然压力也是很大的。这次联合毕业设计的题目设计得是极好的，对于韶关市小岛片区这样一个历史悠久的城区来说，城市更新所涉及的问题是多方面的，也是非常有挑战的，对学生来说是一个难得的锻炼机会。在此，要非常感谢此次联合毕设的组织者和赞助者广东省城乡规划设计院，提供了这样一个平台，能让各个学校的师生有机会交流协作，能够展现各自的想法也学习其他院校的长处。其次，我也非常感谢厦门大学团队另外两位指导老师，文超祥教授和林小如老师。他们的认真负责的态度和一丝不苟的精神让我十分感动。和他们一起指导毕业设计也让我受益良多。最后，我要借此机会感谢一下我们的学生团队，叶紫薇、刘健枭、郑颖、游娟、洪翠萍、殷健几名同学各有所长，非常有冲劲，也非常有韧性。从韶关到厦门，从昆明到成都一路走来，最让我欣慰的就是他们的成长。我相信这次联合毕业设计对他们的职业生涯有着重要的意义，不仅仅是设计思维、表达能力、协作精神、专业知识上的提高，更重要的是责任心的增强。希望这项活动一直举办下去，也希望明年还有机会参加。

南昌大学 周志仪

书接上文，转眼又到写感言的时候。从三月开始到六月结束，整整三个月，总的感觉是累并快乐着。推己及人，对我而言才第二年，对这个活动的发起人来说都第四年了，坚持做一件事是困难的，更困难的是不断总结和调整，保证每次都有新意。去年大家讨论的几个问题今年都改变了，增加了著名的院校，增加了多专业的合作，减少了学生奔波的次数，实现了学生集中的工作坊。

发起人邀请了何志森老师办了一个专题讲座，何老师结合多年在国内工作坊的实际案例，介绍了近距离观察法、关系法、跟踪法等有关观察发现的方法，使学生对"温暖的城市"这个主题理解得更加透彻，这个讲座的影响在之后的成果中也得到了很好的体现。

今年增加的厦门大学和哈尔滨工业大学凸显名校风范，整个过程给大家显示了扎实的基本功、清晰的工作思路和丰富多彩的汇报形式。还是老话，联合毕业设计的好处就是能汇集其他院校的优点，凸显自己学校的特点。我们更多的是发现自己的不足，能在今后的教学中不断调整。

总之，活动的意义不仅仅在几套成果，最重要的是大家有机会多交流，学科与学科，学校与学校，学校与企业。今年，广东省城规院配合的同志虽然有变化，但他们踏实、严谨的工作作风依旧给我们留下了深刻的印象，可以感觉到一个有高度社会责任感的企业及其良好的企业文化。希望我们培养的学生们能到这样的企业去继续成长。

一个活动再好也要结束，又到了准备来年工作的时候，好期待。

昆明理工大学 陈桔

　　时光荏苒，昆明理工大学城乡规划专业参加的第三次联合毕业设计已到尾声阶段。本次与往年不同之处源于哈尔滨工业大学和厦门大学的加入，原先的"4+1"再次升级为"6+1"，而且联合的过程也非比寻常。除了一头一尾符合常规日程安排之外，本次联合尝试在中期于昆明完成了为期两周的工作坊，六校师生在此期间汇集，中期答辩除了各校指导老师与非直接指导老师之外，还特邀广东省规划院的马向明总工及真题项目负责人陈昌勇、嘉宾何志森参与点评；汇报成果不仅包括常规的汇报文档和模型，还有小品表演、视频、艺术装置、角色互动，整个过程多方位展示、有起有伏、异常出彩，可惜现场没有全程录像，只好在此处感叹，多说几句。

　　感谢广东省规划院与六校师生的真心投入和付出，因为我们的过程的多维与和而不同，所以大家的收获和体会也有不同，我们是名副其实的"非常6+1"。终会有遗憾和不足，这正是我们这个校内外指导教师团队不断努力求索的动力。

后 记　赵 炜

　　老城既是城市生长的根，也是城市发展的脉。

　　韶关的老城是一座小岛，是风景独特的岭南自然人文胜地中的明珠。老城的肌理丰富有趣，空间结构的多元折射出魅力：历史演替和风土习俗积淀成繁华，小街小巷的人情世故铸就了情怀。

　　"兰叶春葳蕤，桂华秋皎洁"。岭南文明以自然山水为魂，却也不缺少城市悠久的历史人文底蕴。岭南山水的恩赐与哺育，成就了韶关老城市民的自信。

　　保留良好的传统街巷格局是城市记忆的原点，既是市井生活的场所，也是激发活力的焦点。韶关老城的记忆犹如树木的年轮层层累积，但最初的印象已经踪迹模糊，难得还有复建的风采楼，如同一滴甘露，在过客心中泛起涟漪。——"风度得如九龄否"？

　　小岛临水而不亲水，了无水韵绿意，却是生态文明建设的反讽。历史遗迹散落，风貌残破，并没有值得久久徘徊的街巷与院落。老城需要经过规划的有序的结构，需要经过策划的新的名片，需要水与绿的充盈，需要街巷院的复兴，需要意象深刻的风貌。

　　以"温暖的城市"为主题，在调研过程中，同学们以敏锐的眼光对基地进行了充分的审视，深刻理解老城空间现象及其背后运行的规律。在旧城更新种种不利因素的表象下，发现令人感动的触媒，捕捉具有价值的各种空间要素，尝试进行资源的梳理，保护、活化并提升。

　　老城应有"温暖"的故事，不应被没有思想、涂脂抹粉的风貌修饰方案遮蔽，更不应被简单粗暴的拆除重建和房地产开发构想毁灭。从同学们的方案中，我们欣喜地看到正确的价值观、细致入微的分析和多元化的思路和对策。最终的成果中，各校同学给出了不同的切入点，但具有共同的特点：务实。本届同学以令人惊讶的成熟手段传达他们的思想。他们的成果系统性地致力于山水生态环境修复、特色商贸和旅游产业提升、社区和街区织补、公共空间和文化氛围营造，以及优美的城市景观风貌塑造。所有的更新手段都围绕人能感受到的"温暖"，留住老城的生态和历史脉络，凸显现代城市公共服务意识，试图使小岛成为宜居宜游的旧城更新的典范区域。

　　"微社区""心街巷""绿慢城""旮旯街区"……充满温情与活力的未来场景，无不体现着同学们智慧与辛勤的结晶。"温暖的城市"已跃然纸上，栩栩如生。